国际时尚设计丛书·服装

时装设计元素

第2版（原书第3版）

U0241668

中国纺织出版社有限公司

国际时尚设计丛书·服装

时装设计元素

第2版（原书第3版）

[英] 理查德·索格（Richard Sorger）

[英] 杰妮·阿黛尔（Jenny Udale）◎著

袁燕　刘驰　丛天柱◎译

中国纺织出版社有限公司

内 容 提 要

　　本书是"时装设计元素"系列丛书的第一本，随着第1版的翻译与推出，得到了很多初学者、业内专业人士的关注，继而引进了《时装设计元素：调研与设计》《时装设计元素：男装设计》《时装设计元素：结构与工艺》等一系列的国际时尚教材。这一系列丛书的引进，为国内时尚教学提供了非常重要的补充。

　　作为该系列丛书的第一本，本书旨在阐述服装设计的全过程，从头脑风暴、拼贴、并置到面料再造、三维立体裁剪、制板、样衣试制、系列拓展等，使初学者可以对服装设计有一个全面的认识。从原书第2版修订到第3版修订，作者不仅不断更新图片，与国际时尚潮流发展同步，而且还增添了对设计师的访谈内容，初学者可以跟随访谈者的访谈深刻透视时尚行业，使之对这样一个庞大的系统有一个整体的认知。该书在每个章节最后还增加了设计练习环节，可以帮助读者更好地将每章节的理论消化吸收。作者提供了更为丰富多元的图片、网站等线上线下参考资源。该丛书可令更多初学者、专业人士得到启发。

原书英文名：The Fundamentals of Fashion Design Third Edition
原书作者名：Richard Sorger、 Jenny Udale
© Bloomsbury Publishing Plc., 2017
This translation of The Fundamentals of Fashion Design, 3rd edition is published by
China Textile & Apparel Press by arrangement with Bloomsbury Publishing Plc.
本书中文简体版经Bloomsbury Publishing PLC.授权，由中国纺织
出版社独家出版发行。
本书内容未经出版者书面许可，不得以任何方式或任何手段复制。
著作权合同登记号：图字：01–2019–0858

图书在版编目（CIP）数据

　　时装设计元素：原书第3版/（英）理查德·索格
（Richard Sorger），　（英）杰妮·阿黛尔（Jenny Udale）
著；袁燕，刘驰，丛天柱译. --2版. --北京：中国
纺织出版社有限公司，2021.11
　　（国际时尚设计丛书. 服装）
　　书名原文：The Fundamentals of Fashion Design Third Edition
　　ISBN 978–7–5180–8729–7

　　Ⅰ. ①时…　Ⅱ. ①理…②杰…③袁…④刘…⑤丛
…　Ⅲ. ①服装设计　Ⅳ. ① TS941.2

　　中国版本图书馆 CIP 数据核字（2021）第 148560 号

责任编辑：孙成成　谢婉津　　责任校对：王花妮　　责任印制：王艳丽

中国纺织出版社有限公司出版发行
地址：北京市朝阳区百子湾东里A407号楼　邮政编码：100124
销售电话：010—67004422　传真：010—87155801
http://www.c-textilep.com
中国纺织出版社天猫旗舰店
官方微博http://weibo.com/2119887771
北京华联印刷有限公司印刷　各地新华书店经销
2008年1月第1版　2021年11月第2版第1次印刷
开本：710×1000　1/12　印张：17
字数：216千字　定价：98.00元

凡购本书，如有缺页、倒页、脱页，由本社图书营销中心调换

序言

时尚的本质是时效性和对新事物的不断探索。当我们为未来进行设计时，应该如何对我们所处的时代做出回应？我们试图捕捉或传达的究竟是什么呢？

政治、社会及经济的变革发展日新月异，无论我们作为人类还是作为设计师，对我们的思维过程和设计语言都带来了深远的影响。当下，时尚体系的复杂性在不断变化。随着社交媒体的冲击以及可持续发展，产品、劳动力及全球化问题的日趋重要，时尚产业也变得越来越复杂。因此，在这个行业中，问题远远多于答案，行业的全球化发展对教育带来了冲击，其格局也在不断发生变化。所以，要应对全球时尚体系的错综复杂，就需要一些新的理念。但是，这些对新一代设计师又会带来怎样的影响呢？

在我长达20年的设计和教学生涯中，教育国际化程度得到了显著提高。根据我的经验，学生的跨文化交流对其本身和他们的导师来说，都会获得更有活力和更具价值的学习体验。

个性风格是一个比较难以表达的整合过程，因为在设计中没有正确或者错误的方法，而且每一位设计师的设计过程也不尽相同，每个人都有自己的观点和对世界的看法。然而这种个性风格及其与时尚设计师自身之间的关联性，是设计过程形成的基础，也可以通过最终的设计作品表达出来的。

因此，《时装设计元素》这本书将有代表性的设计师的方法和观点汇集在一起，来表明他们究竟是如何在设计工作中展现出自己特有的个性化的设计风格。通过访谈的形式，读者对设计师的工作方式有了更深入的了解。同时，通过这些访谈，能让我们深入了解到设计师究竟为什么以及如何去做他们想做的事情。这些访谈也会让我们进一步了解到设计公司内部的各种角色分工、工作关系和流程，以及现实生活中的经历，本书将有助于解决这些体系中的复杂性问题。书中的访谈分享了十分宝贵的信息，这些贯穿本书的对话将会辅以坚实而基础的设计原理来逐步强化所学知识，例如工艺制作、结构、作品集制作以及对设备类型和工具的介绍，而这些对任何一个时装设计新手来说都至关重要。

你对设计主题的偏好和承诺——时尚——是年轻设计师得以生存的关键。问题并不在于你如何成为一名设计师，而在于你为什么想成为一名设计师。你关心什么？你想为这个行业做出什么贡献？你的设计过程和想干预的社会问题是什么？你想创造出什么东西？你正在干预什么？你的作品想要填补的空白在哪里？本书将会帮助读者开启设计之旅，以探寻这些问题的答案。

设计的基本原则是倾听，敞开心扉，学习手工技艺，投入时间，保持好奇心，向他人提问，也让你自己试着回答这些问题。从实践中学习，可以围绕着一个真实的、动态的人体来操作，这样你才能真正理解它。双手的定义就是进行实践操作，触摸并感知织物，从而理解它们。你需要不断学习技术和技能，然后再通过你的双手将它们诠释出来。积极主动做好准备工作，从最基础的工作开始学起吧。不要抱任何幻想或假设，因为时间会告诉你所发生的变化以及事情发展变化的原委。

以伊默斯（Eames）等设计师为例，你会发现，他们热爱自己的作品，因为他们的作品能够将艺术与科学、设计与建筑、工艺与产品、风格与功能融为一体。如今，本书已出版到了第3版，它一直激励着几代年轻设计师热爱他们的作品，并希望他们可以在这个千变万化的、错综复杂的、全球化的时尚体系中，找到一个适合自身发展的设计方式。

雪莉·福克斯（Shelley Fox）
唐娜·卡兰（Donna Karan）公司时尚教授
主任，时装设计与社会艺术硕士（MFA）
美国纽约帕森斯设计学院

"细节不单单只是细节，它们造就了产品本身。"
查尔斯·伊默斯（Charles Eames）

目录

导言

奥斯卡·维尔德（Oscar Wilde），以其讽刺风格见长，曾经宣称："时尚只不过是一种令人不堪忍受的丑陋形式，因此，我们被迫每个月就去改变一次。"奥斯卡·维尔德对自己的外表和服装都充满了激情，因此，他半认真半开玩笑地发表了以上的言论。我们被时尚所吸引，不仅因为我们可以通过穿着方式来表达自己的个性，而且因为它是一种通过设计来表达创造力的方式。

时尚是一个对新鲜事物永恒探索的过程。它是贪婪和残酷的。但是能够创作服装，本身也是一件令人兴奋不已和回报颇丰的事情。

在这本书中，我们将介绍时装设计的基本原理。设计师并不仅是坐在桌前设计漂亮的服装，他们需要研究和拓展一个主题、面料来源，并以此拓展成一个联系紧密的系列设计。一个好的设计师应该了解面料的不同特性，以及用它们制成服装所能达到的外观效果，而且要了解服装的工艺结构。这些对时装设计而言都是至关重要的。在拓展系列设计时，设计师需要考虑相应的客户类型、款式特点以及服装的季节性。

整个设计过程其实可以简化为以下三个阶段：调研阶段、最初的设计理念以及最优想法的拓展。好的调研是对好的设计的重要支撑，可以激发灵感并带来好的设计作品，如果你将调研看作一个整体，其中的元素彼此有机联系，将会有助于增强设计的连贯性。最初的设计理念可以采用一系列的想法，并探索不同的方向。然后，纵观你所有的想法，选取你认为最中意的想法向前推进并拓展成为其他的设计，而正是这些设计构成了紧密相连的服装系列。随后，这些想法会被进一步拓展成为三维立体的效果，拓展面料、工艺和结构的运用。

在本书更新的第3版中，我们会向你介绍服装设计的基本原则，以使你可以开始思考如何将这些原则运用到你自己的设计作品中。本书中增加了新的访谈，其中有马尔特恩·安德烈逊（Mårten Andreasson）、巴里·格尔杰（Barry Grainger）、尚塔尔·威廉姆斯（Chantel Williams）和嘉熙·林（Gahee Lim）以及路易斯·格瑞（Louise Gray）、彼得·詹森（Pater Jensen）、米歇尔·曼茨（Michele Manz）、艾伦·汉弗莱·班纳特（Alan Humphrey Bennet）、维妮·洛克（Winni Lok），这些采访会让你对时尚行业内的工作有深入了解。在第2章中，我们还增加了新的设计练习以及紧固件、口袋和领子设计的扩展内容。现在的《时装设计元素》包含了与新的设计和结构工艺相关的最新信息，例如3D打印、CAD纸样剪裁、3D人体扫描，同时也阐述了当今数字化平台的发展对时尚展示策划带来的影响。词汇表和参考资源以及图片都得到了进一步更新和扩充。

我们希望《时装设计元素》这本书，不仅可以激发你创作自己的作品，而且也会对你未来的职业生涯规划有所帮助。

1

2

3

4

1 调研

　　没有一定形式的调研，就不可能有好的设计。在设计方面，"调研"指的是一种对"可以为你的设计带来灵感的、具有创造力的、视觉化的或文字性的参考资料"所进行的调查研究。在设计之初，所有设计师做的第一件事就是进行一定形式的调研，但每个设计师都有自己独特的方法。调研应该是深入而彻底的，这就像侦探一样——寻找出隐藏的、对设计灵感的激发有所帮助的参考信息，使你的作品从竞争对手中脱颖而出。在本章中，我们将讨论如何使一个主题或概念得以拓展并激发你的设计。我们需要重点强调的是，就一个主题或概念而言，调研必须是紧密相连的整体；好的调研不是图片和参考资料的简单随机集合，而是对一个主题或几个主题的连贯性的调查与思考。

　　作为一个初出茅庐的设计师，如果没有对已有的服装进行调研与理解，就不可能设计出服装来。设计师需要通过了解不同类型的服装，以及这些服装中所运用的各种细节和工艺，才能更好地创造出属于自己的设计。例如，许多不同类型的口袋、领子和线迹可以应用于服装的制作与装饰，但是经过精心设计的细节会使服装的整体外观发生巨大变化。作为一名设计师你还需要了解其他设计师的作品，包括过去的作品和现在的作品。

　　但是，除了了解服装本身和其他时装设计师的作品之外，设计师还需要创造出一些新的东西——所以他们经常会通过确定一个"主题"或"概念"进行调研，以确保作品的原创性。

你是一位怎样的设计师?

我并非试图想使你变得时尚,这本书也不能告诉你怎样去设计时尚。它只能告诉你时装设计所包含的内容,以及将它们整合在一起的方法,同时还包括在设计过程中需要你考虑的许多重要事情。只有当你的同行或者整个行业都认为设计代表着一种时代精神的时候,服装才可能变得"时尚"起来。但这种情况并非绝对。

牛津英文词典中对时尚所给出的定义是:"当下的流行习惯或样式,尤指服装。"从本质上来理解,它的意思是指一种由时代所决定的风貌,但是单就其被认同的程度来讲,则完全是主观的,并且依赖于一定的因素。例如,朋克(Punk)运动是20世纪70年代末年轻人对时局和文化感受的反映,并且在一定程度上经过马尔科姆·麦克劳伦(Malcolm McLaren)和设计师维维安·韦斯特伍德(Vivienne Westwood)的发扬。朋克运动本身并非要标榜它自己是"时尚的"——根本不是! 其目的是非主流的、颠覆性的。但是它也强调说明了这样的观点:努力过头将会适得其反。

一定时期内,在"什么可以被看作时尚"的问题上,展览、电影和音乐发挥了巨大的影响力。

对于时装设计来说,很重要的一点是要逐渐发展和形成你自己的欣赏品味和风格(这并不是指你自己如何穿着打扮——设计师通常穿得很糟糕,因为他们总是太忙于考虑如何去装扮他人)。并不是所有人都有设计"反传统"服装的态度或愿望。有些设计师把设计的注意力放在保守的样式或者服装的细节上。而另一些设计师的设计可能"保守",但他们却将各类单品组合在一起进行造型,从而使服装看上去更加原创和充满现代感。了解你最擅长什么,这是至关重要的,但是,这也并不意味着你不应该去进行新的尝试。你需要花费一定的时间才能"了解你自己",而且这段时期通常是在学校里度过的。此外,还要进行一些对心灵的探索。它的目的并不是要你达到理想中你想要成为的那种设计师,而是在于发现你自己就是那个设计师。

对于如何装扮他人,你必须忠于你自己的想法。除了上面提到的这些,余下的事情就可以交给企业和时尚买手来决定了,相对于所有喜欢你作品的人来说,也一定存在着压根儿就不喜欢你作品的人,这一点是非常普遍的。在这个完全主观的世界里工作,你一定会感到困扰,但是,最终你将学会更好地在批评声中驾驭自己,并且磨炼出更坚强的外表,或者可以分辨出哪一种意见是你应该尊重的,哪一种是不需理会的。一旦你接受了这一点,你就可以以你所擅长的方式去设计服装了。

1 维维安·韦斯特伍德
维维安·韦斯特伍德穿着她"愿上帝拯救女王"(God Save the Queen)的T恤,1977。

"为了追赶上时代的步伐,你必须得不断地把自身的想法加加减减。"
——维维安·韦斯特伍德

1

了解你的设计主题

对于过去或者当今的设计师进行多方面的了解，是你开始着手进行调研的最初、也是最重要的一部分。如果你从事的是一份时尚工作，你就需要了解你的主题。这也许有些陈词滥调的感觉，但也必须要说。你可能会声称："我不想受到其他设计师作品的影响。"这固然是好的，但是除非你知道什么样的设计在你之前已经存在，否则你怎么知道你不会天真地再次设计出别人曾经设计过的服装？很多设计师进入时尚圈是因为他们对服装充满激情，或甚至是狂热。当你成为一名功成名就的设计师后，这种对服装的渴望与兴奋也不会因此而消散。时尚行业内的工作也需要一定程度的好奇心，以及你和你的同龄人之间的竞争。

形成自己的"时尚品味"绝非一日之功，而且，如果你对你的主题充满激情，你势必会想去研究与这一主题有关的更多的东西。如果你要申请去一所大学或学院学习时装设计，那么主考官一定会让你说出你对一些设计师及其设计风格的初步认识。你还有可能被问到你最喜欢谁、最不喜欢谁，而且常常会通过你的回答来判断你是否合格。

杂志是寻找设计主题的好帮手，但是，不要只是想当然地想起《世界时尚之苑》（ELLE）、《时尚》（VOGUE）等时尚杂志。其实，除此之外还有很多杂志，每一种杂志都诉诸不同的市场定位和一定的亚文化形态，而且你应该尽可能多地掌握这些资讯，它们都是时尚机器中不可或缺的一部分。你还需要思考杂志的目标受众是谁，这个很重要，因为这关乎着你自身的品位、你独有的生活方式和你未来的潜在客户（而这，不就是你梦寐以求的吗？）。

通过杂志，可以使你对各位不同的设计师有所了解，而且一些生活方式型的杂志还可以使你了解其他设计领域和文化事件。它们常常会对时尚产生影响（或者因受时尚的影响而发生改变）。定期订阅杂志，你还会了解造型师、记者、时装摄影师、发型师、化妆师、模特、缪斯（女神）、品牌和店铺，对于一个时装设计师的成功而言这些都是同样重要的。

还有一些很棒的网站，可以几乎同步地发布时装周上的每一个T台展示，像这样的网站，如www.vogue.com，是完全免费的。

同时，在网上也有许多独立的博客，是由那些对时尚充满热忱的业余爱好者撰写的，不受限于任何广告商。从中也许会找到一些令你感兴趣的内容，多听取别人的意见总是值得的。

1–2《时尚》杂志封面
（1948~1952）

关于时尚和生活方式的杂志，如《时尚》杂志，可以多多阅读参考，以启发你的设计灵感。

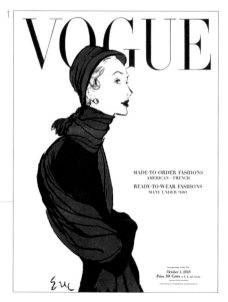

开始你的调研

设计师就像一只从不停止寻觅的小鸟，总在寻找着可以作为灵感来源的事物。与其他创造性的行业相比，时尚潮流发展变化的速度之快是相当惊人的。每个季节，都好像有一种持续不断的力量在重启时尚。设计师需要不停地寻找新的灵感，这样可以使他们的作品保持新鲜度、时代感，而且最重要的是，它能使设计师时常处于被激发的状态。

从这个意义上来说，调研意味着具有创造性的研究活动，没有充分的调研就不可能有好的设计。它可以滋养你的想象力，激发你大脑的创造神经。

调研通常有多种不同的形式。其中一种是寻找资料和实用的零部件。许多初出茅庐的设计师常常会忘记将寻找面料和其他辅料——如铆钉、紧固材料或面料处理方式——看作是调研过程的组成部分，但是事实上，对于用什么材料、如何获取所需的材料以及用量多少，在设计进行之初都应该有准确的判断，这一点是非常必要的。

另一种调研的形式是从你发现了一个适用的设计主题或概念之后再开展。一手资料的调研是指你所获得的第一手资料，例如你去参观博物馆；二手资料的调研是指借由第三方获得的汇编素材，例如从书籍、杂志或者网络。设计主题可以是很个人化的、抽象的，也可以纯粹来自字面意义。例如，麦克奎恩2010年春夏系列的"柏拉图的亚特兰蒂斯"（Plato's Atlantis）（他生前最后一个系列作品）中，他设计的数码印花和模特的外表都显示出来自爬行动物的强烈影响。

隐藏在系列设计背后的概念正是表明人类从海洋中进化而来，所以我们可能会由于未来冰盖融化而回到海底世界。

韦斯特伍德则从诸如像"海盗""弗拉格纳尔的绘画"以及"华莱士精品艺术博物馆馆藏的17世纪和18世纪的装饰艺术"这样的主题中获取灵感，应用于不同的系列中。加里亚诺的作品则曾受到马戏团、古埃及、朋克歌手赛尔克赛·索克斯（Siouxsie Sioux）和法国大革命的影响。

瑞克·欧文斯（Rick Owens）2016/2017秋冬的男装系列以"乳齿象"（Matodon）为主题，作为对"我们都能感受到的生态焦虑"的一种反应，同时还拐弯抹角地从恐龙、焦油坑、进化论和新艺术中寻找参考资料。

设计师也可以通过服装传达一种情绪或者以一个偶像作为设计的灵感。例如，麦克奎恩和加里亚诺都曾以Marchesa Luisa Casati作为设计灵感的偶像。麦克奎恩的另一位灵感女神是已故杂志编辑伊莎贝拉·布洛（Isabella Blow）。他为她奉献了两场秀，第一场是她还在世的时候［2006/2007秋冬"卡洛登的寡妇"（"The Widows of Curlorden）❶］，第二场是在她2007年去世后的2008年春夏"布莱耶夫人"（La Dame Bleue）。

选择一个设计主题或者概念是很有意义的，因为它可以将作品的主体紧密地结合在一起，使之具有关联性和延续性。但是，它也设定出一定的界限，当然，设计师也有打破这个界限的自由，但是，从一开始就把握好设计主题将会使设计师聚焦焦点。

设计主题或概念的选择

在你选择设计主题或概念时，请务必真诚。该设计主题或概念必须要经得起反复推敲。这就意味着，它应该是你感兴趣的、能激发你的灵感的，而且是你所能理解的。

一个设计主题可以被定义为对你的服装风貌带来直接影响的视觉化或者文字性的参考素材。有时，参考素材可以按照字面意思去理解并应用于服装中，例如，如果你的设计是基于俄罗斯的结构主义，或者有时，当参考素材比较隐晦时，作为设计师，你只能使这些素材，将其变成对你有意义的事物。

概念是一种能对服装设计带来启发的方法。例如，你想通过服装来表达出一种孤独感，你就需要根据穿着者的体验来进行设计。围绕着概念性的主题做设计可能会有问题，因此需

❶ Curlorden，卡洛登，1746年，苏格兰和英格兰之间爆发了历史上著名的卡洛登战役，穿戴方格裙子、英勇的苏格兰战士给英格兰人留下了极其深刻的印象。苏格兰格子也毫无疑问地成了苏格兰文化和传统的一部分。

1-9 "心" 恤
这些衬衫都来自布朗温·马歇尔的设计，其灵感来源于保罗·西蒙·艾瑞克（Paul Simon lyric）的歌曲《恩赐之地》（"……失去爱/就像你心里的一扇窗/每个人都可以看到你的心已经支离破碎"）。在这九件衬衫中，心的造型破碎并不断扩散开来。

要仔细斟酌这个概念的定义，以及它如何可以对你设计的服装带来影响。

这两种方法都是适用的，你可以选择你自己的工作方法，但是它一定要对你有效。选择一个根本无法激发你灵感的东西，对你来说是毫无意义的。如果这些理念，哪怕是其中一点仍然不停地在你头脑中斗争，那么一个明智的设计师将会非常诚实地对他所选择的主题产生怀疑。

切记，新闻媒体和时尚买手只对结果感兴趣。服装看起来好看吗？它们会引来赞赏吗？它们会令人感到兴奋吗？它们能够卖得出去吗？他们并不真正关心你如何在一件夹克外套中把量子物理学利用得恰到好处。但是，如果这就是你要表达的东西，那就去做吧。因为，其他人，像造型师和艺术总监，会对你设计背后的故事非常感兴趣。此时，在某种意义上，你的设计主题或概念也成为一种你与相关利益方沟通合作的方式。

调研的资料来源

你的设计主题或概念将决定你的调研如何开展。对于一个充满好奇心的设计师而言，调研行为本身就好像是侦探工作，它的魅力在于获取难以捉摸的信息和主题资料，以期待它们可以点燃你的灵感火花。

当你开始进行调研时，最好的捷径是利用网络。网络的确是获得图片和信息的奇妙之地。然而，网络虽然拥有许多信息，但却涉及诸多学科，不能作为信息的唯一来源。对于寻找制造商、面料以及生产特种材料或提供专业服务的公司来说，网络也是非常有用的。

一个好的图书馆就是一笔财富。地方图书馆应该为当地具有广泛代表性的群体提供适合的图书，内容可以涵盖许多学科。专业图书馆对于设计者来说是最有帮助的，而且，图书馆的历史越悠久越好——那些已经绝版很久的书籍也会出现在书架上（希望是这样），或者至少应读者的要求可以翻阅。学院和大学应该拥有一个图书馆，以此提供与该校所教授课程相适应的图书，但是如果你不是在校师生，那么，你将被限制入内。你可以开始收集你自己的书籍来构建你自己的图书馆。你不需要花很多钱来购置很多书，有一些书是无价之宝，你会一遍又一遍地反复用到它们。艺术画廊通常会有很棒的书店。

跳蚤市场和古董交易会也是设计师寻找灵感的有用之地，毋庸置疑，无论它是古典还是现代，任何类别的服装都会使设计师受到启发，萌生更多的设计灵感。历史的、民族的或者专用服装——例如军服——它们可以给你提供服装的内部细节、生产加工和结构设计的方法，这些也许是你以前不了解的知识。

1 纪梵希（Givenchy）
来自纪梵希2016/2017
秋冬系列，以军服为
灵感的设计。

和跳蚤市场一样，慈善商店也是寻找服装、书籍、磁带盒和小古董的好去处，如果将它们利用得恰到好处，并且再添加一点想象力，就可以证明这些物品是可以激发灵感的。那些不再流行的东西，或者是被看作是粗俗的东西，都可以被重新发现、适当利用或者以一种讽刺意味运用于服装设计之中。

博物馆，像伦敦的维多利亚和艾尔博特博物馆（Victor&Albert Museum），不仅收藏和展出来自世界各地的有趣的藏品，有历史服装也有当代的设计，而且还有一些优秀的戏剧服装藏品，可以应观众的要求展出。

在不超出预算的前提下，一些大的服装公司会派设计师进行以调研为目的的旅行，通常是到国外去寻找灵感。在调研过程中，设计师会有一定的经费，他们通常借助于一架照相机来记录或者直接购置对下一季（未来）设计有用的任何物品。

参考图片的来源可以是影印图片、明信片、摄影作品、杂志中的广告页和绘画作品。但是，实际上任何东西都可以用来研究：图片、面料、纽扣或者某种古典样式的领子等细节——任何可以给你带来灵感的东西都有资格进入你的研究之中。无论你收集的是哪种物品，都必须要易于得到和观察，以便于你可以不断地获得一些设计参考，你看到的参考资料越多，你就会想得越多。经常关注你的调研，分析一下你喜欢什么，为什么收集它。

● 2 **维维安·韦斯特伍德**
维维安·韦斯特伍德为1981/1982秋冬的海盗系列仔细研究了海盗服装的剪裁。

● 3 **海盗**
海盗也许可以为你的调研提供好的出发点。

● 4 **军服**
一些军服的例子——灵感的潜在素材。

1

2

1-4 调研
调研手册中的页面
展示。

调研手册

作为设计师，你最终会形成一种独特的个人方式去"进行"这种调研"过程"。有的设计师喜欢把收集的照片和面料摆放在工作室的墙上；有的设计师则会将那些收集来的图片、面料和装饰物等编辑成调研手册或者手绘本，以此来记录一个系列的起源及发展演变过程。还有一些设计师会提取这些调研的精华，制作出所谓的情绪板、主题板或者故事板。

一本调研手册并非仅供设计师使用。当你试图将系列设计的主题传达给其他人时，展示调研手册是很有用的。你可以用它来向你的导师、雇主、雇员或者造型师传达你的设计理念。

调研手册并不只是一本剪贴簿，剪贴簿意味着信息仅仅是被收集在一起，并未经过任何的加工处理。再没有比盯着一页页毫无生命力的、方方正正的、精心剪裁的图片更令人郁闷的事情了。对于设计师究竟从这种创造性的页面收集了多少灵感，目前还存在争议。一本调研手册应该反映出思维的发展轨迹以及个人对这个主题的表达方式。只有当这些内容得以提炼并且被记录下来的时候，或者这些收集的图片和资料以一定的技巧被加工处理或者拼贴在一起的时候，个性化的语言才能显现出来。

拼贴

英语"拼贴"（Collage）一词是由法语"胶水"（Glue）一词派生而来的。一个好的拼贴画是将每一个独立元素（图片）共同作用于同一个画面的不同层次上，与此同时，形成一个既相互关联又彼此独立的有机整体。成功的拼贴画通常包括不同尺寸的、不同资料来源的图片，它们能够带来一种具有刺激感的视觉化节奏。

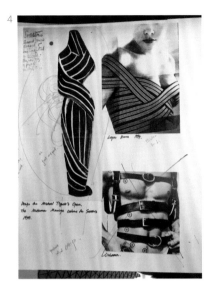

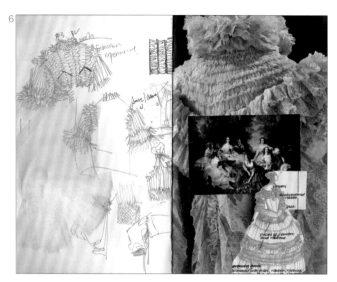

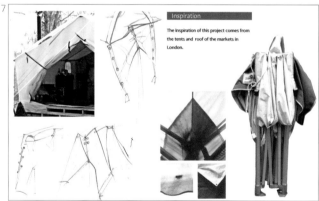

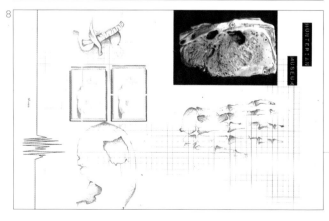

手绘

　　将你作为调研素材采集的事物的局部或全部手绘出来，将有助于你了解该图像的造型和形态。这种手绘又反过来可以使你在进行设计或裁制纸样时，借鉴和利用相同的曲线。手绘有助于分析图像，你必须利用铅笔在画纸上"思考"，以此来表达你想画的东西。

　　运用拼贴和手绘的方式，可以帮助你去解构一个图像，如照片、影印图片、绘画作品或者明信片。这一点是十分必要的，因为最终对你设计的有用部分也许并不是整幅图片。一张图片可能是因为它的"完整性"而被选中的，但是实际上只有通过更深层次的审视，其间最有用的元素才会被剥离出来。例如，从照片表面看，哥特式大教堂装饰繁杂、精美绝伦，但几乎只有用放大镜才能看得出图片的细节。如果将其剪裁或者使用一个"取景框"——一个长方形的纸"框"来观察，可以使你很容易聚焦于图像的局部。这就像照相机的取景框——更小一些的元素或者细节就会变得更明显，也更容易被观察到。

6-8 分析法绘画

　　调研手册中的一些引人注目的手绘图例。

9

10

9–10 并置
页面左侧的图片为对
面页面中的服装细
节带来了灵感。

并置

在调研手册中，将图片和面料并置
在一起，将会有助于你做出重要的设
计判断。有时，性质完全不同的图片
或者面料也会让你联想到它们的相似
性，即使它们在本质上并不相同。例
如，一个菊石化石的螺旋形状与楼梯
或者缎带的螺旋形状有一定的相似性。
或者，一张图片可以引发你对已经使用
过的面料的新的思路——例如，一块烂
花丝绒也许会让人联想到苔藓的肌理。

在调研手册中，通过手绘、拼贴
和并置，你会不断地分析你所收集的
素材，并推进你的设计思维。对这些
图片和资料，你也将进行自己的演绎
和诠释，并以此作为你特有的、合乎
逻辑的处理方式或者形成整个设计过
程的组成部分。

情绪板、主题板和故事板

情绪板、主题板和故事板，正如其名字所暗示的意义那样，以拼贴画的形式，将图片装裱在一块板子上，这样做可以使它们看上去更富有意味。从一定意义上讲，它们就是调研手册的"演示"板。当你进行设计时，并非所有的调研都是有用的，因此，情绪板、主题板和故事板有助于清晰地展示出一个季节性系列设计所用到的主题、概念、色彩和面料。主题故事板通常会利用一系列关键词来描述一种"感觉"，例如"舒适"或"诱惑"。如果这个系列是专门为某一特定客户特别设计的，其图片将会更有倾向性地去迎合其潜在客户群体的生活方式或者身份地位。

1　情绪板

这个情绪板展示了调研图片、面料、色彩和设计理念。

2 **情绪板**
　展示面料、设计细
　节与调研图片的情
　绪板。

时装设计师：
路易斯·格瑞（Louise Gray）

时尚档案

路易斯·格瑞（Louise Gray）以善于质疑规则而知名——当你按照你自己的方式来工作时，为什么要默守陈规？路易斯先后在格拉斯哥艺术学校（Glasgow School of Art）和伦敦圣马丁艺术学院学习。她具有纺织和服装的教育背景以及前瞻性态度，这使路易斯形成一种独特的风格和观点，正是这些使得路易斯的世界充满了趣味性。路易斯与托普少普（Topshop）、布罗拉（Brora）、波利尼（Pollini）、斯戴芬·琼斯（Stephen Jones）、纳西尔·马兹哈尔（Nasir Mazhar）、尼古拉斯·科克伍德（Nicholas Kirkwood）、罗伯特·克雷哲里（Robert Cleigerie）以及维多利亚和艾尔博特博物馆都有合作，并为朗万（Lanvin）、黛安·冯芙丝汀宝（DVF, Diane Von Furstenberg）、彼得·詹森（Pater Jensen）、荷兰屋（House of Holland）品牌做设计。

在你的设计实践中调研起到怎样的作用？你很享受做调研的过程吗？

调研是非常必要的、重要的，是我学习收集并不断去做的事情。

什么事物会为你带来灵感？

A：生活。我会受到具有能量与趣味、爱和令人着迷的事物的吸引。

你做调研的方法是什么？收集相关参考资料的过程是否是一个有机的过程？或者围绕一个主题采集调研素材时是否有什么方法可以遵循？

我会从一定时期内我所感受到的任何事物中获取灵感；会真切地融入其中，从我自己的穿着、阅读或者所听到的事物方面去感同身受。每季中我都会不断变化，但是会从这些事物和资讯中自然而然地发展而来，并向前推进。

在你做调研的过程中，你实际是怎样做的？

我会创作一个调研墙——通常它会帮助我将素材信息与面料连接到一起。到最后，我会保留下来我所喜欢的，其余的我就全部扔掉了。

对面料的调研处于你设计过程的什么位置？在设计过程中，你从什么时候开始着手进行你的面料创意？

从一开始，我所关注的是以肌理为引导的面料调研，这是我所做设计的基础。

你会给你的设计设定一个截止日期吗？

我从来不会切断我的思路——我会改变，或者思考，或者添加一些事物，直到设计过程的最后一刻。

有没有一个模式可以表明你如何进行设计？

完全没有，只不过是我每季所感而已。

你倾向于通过二维方式，还是三维方式，或者二者结合的方式来进行设计？

我认为是需要密切结合的。

你如何判断究竟是哪些设计最终成就了一个系列？到什么时候，你认为可以完成一个系列的设计？

有些单品很确定地是来自最初的设计理念，而其他一些单品，则是在过程中诞生的，直到最后。

在创作一个系列的过程中，从开始到结束，你最喜欢哪个环节，为什么？

看到真实的设计出的面料、服装造型、配饰、发型和妆型——整合在一起的——风貌。

2 2012/2013秋冬
路易斯·格瑞2012/2013秋冬系列的关键风貌。

1 2011/2012秋冬
路易斯·格瑞2011/2012
秋冬系列的关键风貌。

3 2013/2014秋冬
路易斯·格瑞2013/2014
秋冬系列的关键风貌。

4 2013春夏
路易斯·格瑞2013春
夏系列的关键风貌。

时装设计师：
嘉熙·林（Gahee Lim）

时尚档案

嘉熙·林出生于韩国，在她15岁的时候搬到了澳大利亚。但在她高中毕业以后，又搬到了纽约，于2009年开始了她的大学生涯。她最终获得了帕森斯设计学院时装设计专业学士学位和时装设计与社会的硕士学位。

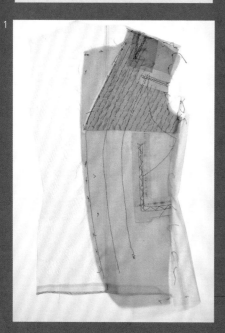

能聊聊你在帕森斯学院的学习经历吗？还有你为何选择当时的专业？

我本科和硕士阶段都是在帕森斯完成的。因为，当我展示完我的本科毕业设计作品时，我意识到我想要做的研究其实并没有做完。正好，我之后的硕士项目导师雪莉·福克斯（Shelley Fox）也很希望我继续参加她的项目进行学习。与此同时，辅导我本科论文的凯里·法梅尔（Kyle Farmer）教授，现任服装工程学院时装设计项目的研究生主管，也是一个非常重要的人。他发现了我，并一直信任我。是他真正帮助我成了如今具有创造力的人，而不只是一位服装设计师。

本科与硕士的学习有什么不同呢？

最大的不同是人数变少了。本科的时候，我同年级同专业的毕业生有300多人。因为人多，所以竞争非常激烈。有些人不错，有些人并不尽如人意。但到了硕士阶段，在2016年毕业的时候，仅仅只有12个人。我们的文化背景各不相同，而且各有所长。我们每个人都很成熟而且充满了激情。事实上，我在读硕士的第一年和第二年之间有一个空档期，那个时候我认识了一些比我早一年毕业的朋友。他们都很与众不同，到现在我们已经成为了终身挚友。他们才华横溢，雄心

1 嘉熙·林
嘉熙·林2017春夏系列的面料样品。

勃勃。认识这些朋友也是我在研究生阶段最大的收获。

你觉得在学生生涯，你学到的最重要的东西是什么？

专注和自信。纽约是一个充斥着众多娱乐、消遣和诱惑的城市。我本身就是一个非常外向的人，总想着被很多人包围着。有时，真的很难静下心专注于我的学术研究。但是，我认为这是很值得的。而且，从创造力培养的角度，这一点很容易让我觉得不安。因此，我就会试图欺骗自己或者怀疑自己。但是每一次，我都明白我需要学会相信自己，必须坚持下去。

你的系列设计的灵感是来自哪里？

最核心的概念就是性别流动性或性别模糊，我觉得这也是当下比较流行的趋势。但是，它来自一个非常个人化的空间。就像我，作为一个女人，如此的脆弱和渺小，以至于在未来我不断迫使自己变得自信、强大和充满野心。于是，我开始思考人们对于性别的刻板印象。与此同时，男人也可以脆弱而精致，这样不是也很具魅力吗？

带着这样的观点，我有机会参与了一个项目，假设我是男装品牌布里奥尼（Brioni）的创意总监。从调研着手，我对詹姆斯·邦德（James Bond）如何一改过去的形象非常感兴趣。现在的邦德形象富有情感而且脆弱。他成了一个善解人意和传奇的人物。这就是我将套装（男性化的，詹姆斯·邦德的西装）与薄纱（女性化的，透明面料）结合在一起的原因。

你如何做调研？

我通过不同的媒介来体验尝试很多事情。也许在这以前，我脑海里有一个大致的规划，但我不会受限于任何事物。因此，我会接收我头脑中所获取的所有信息。我会花些时间去让这些信息相互融合。然后，在某个时刻，你的灵感就会以一种抽象的方式突然迸发。

你如何在设计中拓展细节？

与其说我是一个画家，还不如说我是一个手艺人。我会亲手制作一些服装，包括一些对我而言很特别的细节。然后我试着将它们用到合适的地方，或者一个很特别的细节会启发我获得下一个的细节。

你在进行服装结构设计时有什么方法/做什么试验吗？

我的方法是用大头脚制作服装。这样可以允许自己犯错误，同时也可以按照一种抽象的方式和顺序来做。

你对未来有什么规划？

我想把自己做服装当作一项副业。也许是时尚行业，也许不是。我还想与一些没有出名的设计师合作，向他们多学习。

你对那些刚开启服装设计学习的人有些什么建议吗？

多多体验，工作、旅行、充满热爱。

● 2—5 嘉熙·林
嘉熙·林2017春夏系列的关键风貌。

调研练习

通过阅读本章，你将会逐渐理解调研对于设计的重要性。对于一个时装设计师而言，最基本的调研形式是调查研究过去和现在的服装。这是一个不断前进的过程，当你学习到更多的面料、时尚、历史知识及其内在潜力时，你将有望获得令人满意的结果。当你为自己的设计作品拓展一个设计主题或概念时，调研就成为更个性化的工具。做调研很重要的一点是向其他人展示你所关注的事物并进行交流，讲述你作品的"故事"。

练习1

你会发现收集你所喜欢的服装图片作为你创作个人系列的来源是非常有用的，你可以从中获取灵感，或者是对某个细节感兴趣。这些时尚参考资料可以采取剪贴簿或文件夹的形式，以此来展示你在一定时期内所获得的图片。这应该是一个持续不间断的过程。它将会成为一本参考书及你个人图库的一部分，你也许会多次反复研究它，而且它将会成为个性化的灵感素材。当你认为没有灵感时，它将有望帮你开启设计过程。

■ 开始收集并整理出一个以时尚和服装的参考素材为主的文件夹或者剪贴簿。

■ 从某个意义上来说，一个"文件夹"指的是一个活页夹。这种文件夹的好处就是允许你调整页码的顺序，当你认为需要的时候，还可以随时添加。

■ 如果你更愿意着手制作一个剪贴簿，就要注意选择剪贴簿的尺寸大小。信纸尺寸（8.5英寸×11英寸）和A4信纸尺寸（8.53英寸×11.7英寸❶）

也许有点小，每页中只能放下一张杂志的撕页，你的剪贴簿如果是多张图片并置的话，将会从视觉上看起来更有趣味。

■ 思考一下你将如何组织你所采集来的图片——你也许会决定将它们按照不同的类别进行组织，例如，运用"历史素材""当代素材"或者"细节"作为标题。

练习2

来一个"一日游"，或者在你所生活的当地环境中转转。

■ 拿起你的相机、绘画纸张、铅笔、一些彩色绘画颜料、橡皮和一个铅笔刀。

■ 忘记你所了解的周遭一切，试图以全新的视角来看它，思考一下，你所见的事物将会成为你设计作品主题的潜在素材——它可以是当地的建筑或者是自然景色，也可以是一个博物馆或艺术展。

■ 设计主题应该比较宽泛，应该包括形态、结构、纹样、线条、色彩或肌理的参考素材。然而，很重要的

一点是，你目前还不必担心如何从你的主题进行设计，那样的话，将会限制你对主题的选择。而设计中最令人兴奋的事情就是当你对结果没有先入为主的概念时去工作。

■ 用照片、绘画、明信片以及任何相关的现成物来进行记录，试着准确捕捉你所看到的色彩。

■ 当你从旅行中回来，回顾所采集的调研素材，将它们在你面前铺开，考虑一下是否足够。将"一手"调研资料（从真实素材中获得的一手调研资料）作为"二手"调研资料（图片素材的复制品——例如，从网上获取的图片）的支撑也许是非常有用的。思考一下，你可以探索其他可用的素材，例如：图书馆或者书店，或者一个在线搜索引擎。

■ 回顾你的图片——它们是否会让你联想起想要的某种面料或者肌理？你可以找到面料商店，去收集一些面料小样，来增强调研的效果。此外，也还有其他地方可以获得面料素材，例如市场或二手服装店（可以将现成的面料剪碎）。

❶ 1英寸≈2.54厘米。——出版者注

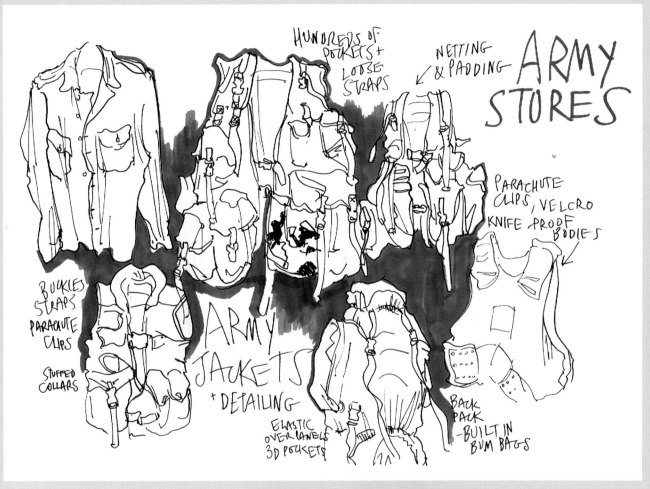

寻找一些与你的主题或者与你想要进一步具体化的内容相关的时尚参考资料。现代建筑强烈的水平线、垂直线或者斜线，也许会和一条连衣裙的缉缝线相一致；或者一个建筑的造型与一条连衣裙的廓型相似。深思熟虑你所选择的参考素材，确保它们与你的其他调研有着明确的联系。

2

1 军需用品店的服装手绘图
2 面料

练习3

- 选择手绘本的样式，并开始对你的调研进行整理。你的调研手册应该是与你的主题有关的"故事"。考虑清楚，你将如何通过画页传达你的主题？它是否可以讲故事？当你不在现场时，有人看你的调研手册，能否明白你主题的本质所在？你可以通过调研手册讲故事，但是没人想通过阅读一篇短文来听故事。

- 将你的调研手册汇总在一起时，应该是一个有机的过程——试着别留下太多空隙，"想着可以回头再填充"，因为机不可失！而且，你将从"做"中学习，因此，对你来说，最好先完成一个页面，然后再继续进行。

- 记住要考虑一下跨越两个页面的构图——即使页面中间有一条对折线，它也是一个整幅的页面，因此要跨过这条对折线将页面作为一个整体来考虑。

- 你的调研手册应该包含以下内容：
  （1）拼贴。
  （2）手绘（运用取景框，将你所看到的图片局部独立出来，并绘制出来）。
  （3）并置（在这里可以将你所采集的素材之间建立联系）。

3

MODERN CAMOUFLAGE 2010

FUNCTION
POCKETS, BACKPACKS & STRAPPING HALF POCKETS
TECHNOLOGY COMING-D

3 伦敦市区的照片
4 时尚参考资料

2 设计

　　调研结果一旦被整理出来，你就可以开始设计了。最可怕的就是设计者没有思路，头脑一片空白。这样，整个设计进程可能会充满挫折，甚至当设计即将开始时，仍然有很多准备工作尚未达到完全令人满意的程度。在整个设计过程中，这也许是很正常的阶段。早期所做的许多设计都会被否定和抛弃——你甚至会对自己的能力产生怀疑，千万不要泄气。再经过一段时间你就能实现质的飞跃。而且，在焦躁不安之后，你就会发现更好的设计会跃然纸上，努力分析进入你头脑中的每一种可能性，并且在这个阶段决不轻易放过任何一个想法。当你再回过头来看你的设计时，你也许会看到一个使创意得以延伸的潜在思路。

　　本章将讨论服装设计的基本要素，以及在二维空间中表现和创意呈现的方法。

设计风格

服装设计需要三个基本要素：

（1）廓型、比例和线条。

（2）细节。

（3）面料、色彩和质地。

廓型是指单件服装或整套服装的基本形状：它的整体外形，服装如何运用线条将身体分割为各个"部分"，如何将这些"部分"彼此之间保持平衡（比例）。细节为服装赋予了焦点、装饰和趣味性。服装是由面料制成的，而所有的面料都是有色彩和质地的。

一个设计师的风格是伴随着时间的发展慢慢形成的，但是服装本身也需要风格定位，或者也需要成为视觉表达的一部分，其目的在于在竞争中脱颖而出。例如，夏奈尔（Chanel）的设计风格影响深远，并在许多季中一直保持着稳定的风格，而某一个系列的服装可能是基于当季的廓型、比例、线条、细节或者面料。

通过设计一个特定的元素应该可以得到充分的演绎，从而使设计之间具有连贯性。这种特定的元素既可能是在哪里开袖窿，也可能是在服装上以一种特殊的方式来设置接缝的位置，或者是一种面料后整理的方法。如果这些元素与你的主题紧密相连并共同作用，就表明你逐渐在迈向成功，已经开始运用你的设计来发表真正的设计宣言了。

"时尚非常重要。它改善了生活，就像所有能够给人们带来快乐的事物一样，它值得去做得更好。"

——维维安·韦斯特伍德

1

1–2 一个具有内在联系的设计

这些设计草图都来自同一个系列。廓型、细节和面料被反复运用，以使系列作品具有内在联系。

2

理想的人体

历史上的时尚服装都是通过夸张身体的某个部位来强调和美化人体的自然曲线的。"理想"的人体形态一直在"沙漏"形态的基础上不断地发展演变。然而今天，越来越多的服装是贴合人体的自然曲线，和以前的时尚廓型相比，如今的时尚廓型的变化要少很多。这也许是因为以前借助于紧身胸衣或衬裙进行造型会容易一点，而今天是通过健康的生活方式或美容手段来改变身体本身的形态。但是，廓型的演变也与社会发展和文化潮流的变迁有着密不可分的关系。

对人体的"修修补补"

正如我们所知道的那样，在16世纪早期人们就开始穿着紧身胸衣。从那时起，这些稀奇古怪的形态就以各种各样的方式附加于紧身胸衣之上，用以达到夸张胯部和臀部的作用。在过去的500年里，衬裙❶、鲸骨圆环❷、驮篮式裙撑❸、克里诺林裙撑❹和巴塞尔裙撑❺等这些稀奇古怪的东西，曾经在不同的历史时期非常流行，穿着者以此来强调人体形态，使之更接近于女性和男性的理想体型。

❶ Petticoats，衬裙。
❷ Farthingales，鲸骨圆环。
❸ Panniers，原指动物后部或两侧的驮篮，这里指后部隆起或两侧隆起的裙撑，也称驮篮式裙撑或马鞍裙撑。
❹ Crinolines，克里诺林裙撑，这种裙撑是用轻质金属制成环型撑架。改良版的克里诺林裙撑小巧轻便，只突出臀部。
❺ Bustles，巴塞尔裙撑。

1 沙漏廓型
这些图例展示出典型的维多利亚时期的沙漏廓型。

2 紧身胸衣和裙撑
紧身胸衣和带有裙撑的环形裙摆，这些设计都是为了夸张臀部。

2

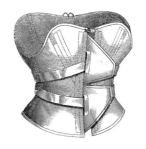

3

不断演变的造型

克里斯汀·迪奥（Christian Dior）在1947年发布的"新风貌"系列，是战争年代面料限量供应、人们渴望女性化体态的一种直接的反映。它通过大量使用奢华面料、在臀部添加衬垫的手法获得宽大的波浪裙摆，强调了女性的蜂腰曲线，它的影响力一直贯穿于整个20世纪50年代。

从18、19世纪的强调乳沟到20世纪初的单薄胸形，紧身胸衣也影响到胸部形态的变化。在20世纪40年代到50年代后期，鱼雷状的束腰和胸罩的采用，使被托起来的胸部达到了最高峰。而后，在20世纪90年代初，带有让-保罗·戈尔捷（Jean-Paul Gaultier）标签的锥状胸罩使胸部的形态得到进一步更新和重新塑型。

进入20世纪20年代和60年代后期，时尚女人们接受了更为极端的廓型，因而彻底颠覆了这种传统的"沙漏"形态。20世纪20年代的廓型对胸部不再像以前那样要

4

3 **20世纪50年代**
1955年克里斯汀·迪奥展示了一件从迪奥的"新风貌"系列发展而来的日常装：溜肩、窄腰，以及丰满的裙身。

4 **20世纪60年代**
模特让·希林普顿（Jean shrimpton）穿着玛丽·奎恩特（Mary Quant）在20世纪60年代设计的经典连衣裙。

5

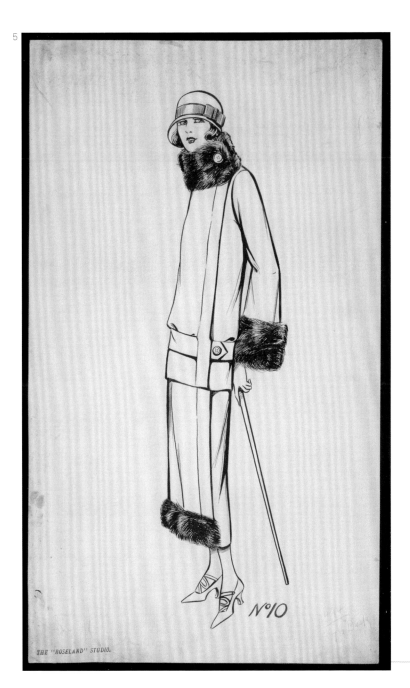

THE "ROSELAND" STUDIO.

求凹凸有致——然而，有悖常理的是，为了适应当时潮流的需要，很多体态凹凸有致的女性也都开始穿着直筒形的系带裙，并特意将自己的胸部缠裹成扁平状。20世纪60年代的廓型则延续了这种潮流，形成更具男孩风貌的流行趋势。时髦的女人们将头发剪得极短，如果她们已经拥有了扁平的胸部、窄窄的肩膀和臀部的话，那就十分幸运了，因为这样就可以搭配迷你裙和连衣裙了。

另一个改变廓型的例子是20世纪80年代和90年代非常流行的垫肩的使用，夸张的肩部可以带给人"强势装扮"的印象，最近一次在2000年末再次出现。夸张的造型成了力量、权势和资本过剩的同义词。巨大的垫肩可以支撑起一些无结构的服装，但是当服装变得越来越合体，倒三角形的感觉就显得越发强烈。乔治·阿玛尼（Giorgio Armani）是与这种风貌密切相关的代表设计师。在2000年末，法国时尚品牌巴尔曼（Balmain）的设计师克里斯托弗·迪卡宁（Christophe Decarnin）也很喜欢这类廓型。他将"宽肩"造型与凸显体态的造型相结合，常常与紧身裤或牛仔裤搭配在一起穿着。

如今的服装廓型变化比历史上的变化更加微妙。诸如技术、生活方式和环境等因素对我们的服装选择带来影响，因此，也直接影响着廓型。运动面料的技术创新和发展意味着我们会更多选择穿着运动装或休闲装。服装生产的技术也会对所加工的服装类型带来影响。例如，运动装有较高的生产工艺要求，但是服装造型常常很简单，廓型也很宽松。积极的生活方式和社会风俗则意味着可以接受更多肉体的展示，就环境而言，我们居住在一个更温暖的房子里，这也会对服装选择带来影响。

● 5 20世纪20年代
20世纪20年代的时尚插画，展示了当时流行的上下直筒形的直腰身廓型。

廓型

　　我们对一套服装的第一印象是它在T台上出现时的廓型。也就是说，在审视服装的细节、面料和结构之前，我们首先看到的是它的整体轮廓。

　　廓型是你进行设计制作时最基本的考虑因素。你想要强调身体的哪一个部分？为什么？一条长裙，可以通过腰部和裙摆形成一个箭头的形状，以此将人们的注意力转移到腰部。宽宽的肩部也会产生这样的效果。它会使臀部显得窄小，因为腰部在服装上的位置是不固定的，所以，服装上的腰部位置和从解剖学角度确定的腰部位置不一样。它可以通过弯曲侧缝，或者通过提高或降低腰部水平线的方式来重新定位。廓型的改变可以通过运用面料在人体周围创造出一定的量感来获得，也可以通过制作非常合体的服装来强调。

　　垫肩大小的选择或者腰线高低位置的强调，这些看似微不足道的事情，却会对廓型产生微妙的变化，而且这些选择将会使服装显得整体统一，避免流于平庸。例如，亚历山大·麦克奎恩在20世纪90年代初期的系列设计中，通过严谨的、紧身合体的剪裁以及与颈部形成直角的垫肩暗示出强烈的女性的性感和力量。在一段时期内，很多设计师都避免使用过分夸张的垫肩，因为它具有强烈的20世纪80年代和90年代初期的典型样式，麦克奎恩设计的肩部线条则充满了挑衅和冒险的意味。

1

1　维特萌茨（Vetements）
这套服装来自维特萌茨（Vetements）2016/2017秋冬的系列设计，运用了窄垫肩抬高肩部的高度，使得廓型呈现出驼背的感觉。

2

2 维特萌茨

这款由维特萌茨为
2016/2017秋冬系列
设计的夹克，使用了
垫肩，以一种夸张
的弧形肩部曲线强
化了服装的廓型。

雕塑感的廓型

　　选择精巧的廓型和剪裁是至关重要的。但是，一些设计师则选择了更为大胆的方式直接在人体上进行雕塑般的试验。雷夫·鲍威利（Leigh Bowery）是一位澳大利亚的设计师和行为艺术家，逝世于1994年。他完全无视于常规或者常识的趣味，这也许与他从未受过任何正规的时装设计教育有关。雷夫·鲍威利不断地用他自己的身体做试验，通过剔除骨头、加衬垫和强力棉质胶带等方式来达到体型扩张和压缩。他甚至用强力胶带压缩肌肉，这样（暂时的）修正后的人体和服装之间的界限就变得模糊了。雷夫·鲍威利解释说："因为我比较胖，所以我可以在胸部将我的肉打褶并用强力棉质胶带来固定。然后，通过穿上特殊结构的带衬垫的胸罩，我就可以营造出一个有着6英寸乳沟的硕大胸部的形象了。"

　　因为他总是在变换自己身体的形态，所以服装总是合体的。鲍威利的身体可以创造出无限多的造型和形态。"将自己的身体进行改造的想法会让人振奋并给人以活力。如果去除它的荒谬成分，你可以穿成这样去做任何事情。我想要困惑、愉悦和刺激的效果。与其说它是限制，倒不如说它是廓型的变化。虽然我的确很喜欢这种危险性的感觉，但我更愿意认为我是在改造人体而不是在毁坏人体。"

《雷夫·鲍威利：生活与时代的偶像》，苏·蒂勒（Sue Tilley）

3-4 雷夫·鲍威利
澳大利亚行为艺术家、时装设计师和偶像——雷夫·鲍威利。

4

模仿廓型

在"像男孩一样"品牌（Comme des Garcons）**❶**1997年春夏系列"人体与服装的邂逅"中，作品衣身下面的衬垫被缝制在身体的非正常部位，使穿着者看上去比例失调甚至畸形来营造出一种全新的廓型，同时也挑战了人们对人体原有的概念和常规的审美取向。

荷兰设计师维克多和拉尔夫（Viktor & Rolf）大胆探索着廓型可塑性的潜力。他们的服装设计经常会以新颖的构思和幽默的方式模仿那些已被公认的造型、历史上的经典样式以及传统的高级女装。在他们的设计中，比例和体积都被做到极致，而且通过这样的方式，展示出他们在结构设计和缝制上的神奇力量，以及他们对服装的象征意义的理解。

5 "像男孩一样"品牌
　　"像男孩一样"品牌1997年春夏季的系列的设计主题为"人体与服装的邂逅"，以羽绒衬垫的填充为特色。

❶ Comme des Garcons，法语，意为"像男孩一样"，是川久保玲（Rei Kawakubo）创立的服装品牌。

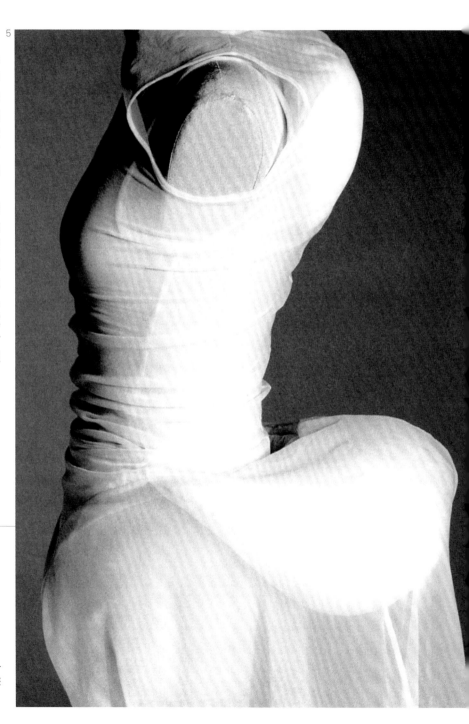

5

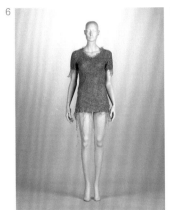

6-14　维克多和拉尔夫

维克多和拉尔夫的1999/2000秋冬高级女装系列中的第一个到第八个和最后一个。这个系列的9套服装是由荷兰设计师维克多和拉尔夫设计的，它的灵感来自俄罗斯的玛特尤斯卡（Matryoshka）玩具（俄罗斯套娃）。最小的一件先穿在模特身上，然后下一件在其上进行合体设计，就这样直到模特穿上9套服装，一件穿在另一件的外面，这样每一件服装都在前一件的服装廓型的基础上被扩大。

比例和线条

　　服装的比例是从廓型发展而来的。如果廓型是服装的整体形状，那么比例就是通过运用各种线条（水平线、垂直线、斜线或曲线）来分割人体，或是运用色彩、面料形成色块来分割。

　　每当我们在商场中选购服装或者装扮自己的时候，实际上就是在演绎我们对自身比例的理解。究竟以何种方式以及在哪里运用下摆水平线分割身体的比例、裤子宽度、领线长度及

其位置，以及腰线的强调部位，这完全取决于什么会取悦我们。

　　服装上的线条通常是指裁剪分割线；缝线和省道可以围绕人体设置在这些分割线上，同时，还需要考虑它们的视觉效果。然而，对于有些设计师来说线条还意味着廓型。对于服装上的这些线条来说，重要的一点是它们必须经得起视觉的推敲，而且还要确保它们彼此之间以及与其他细节之

间能达到视觉的平衡——例如，与之相邻的开合处、领围线和口袋等。

　　由此可见，线条及比例对于设计而言是至关重要的，当然，这一点只有当你使用到实实在在的面料时才能体现出来。白坯布（请看第142页）或者正式的面料都可以，它们的呈现效果决定了服装设计的成败。

1

1　路易·威登（Louis Vuitton）2016/2017秋冬系列设计
毛衫上的曲线和对比分割，可以使身体看上去更苗条，但是却增加了肩部的宽度。

2　路易·威登2016/2017秋冬系列设计
箱形短上衣与适体的腰部形成对比，使二者之间的比例得到了进一步的夸张。

2

3

比例和线条的一般规则：

· 垂直线条可以拉长人体。

· 水平线条可以强调宽度。

· 直线给人以硬朗和阳刚的
  感觉。

· 曲线被认为是柔和和女性
  化的线条。

· 缝线和省道并没有标准统
  一的位置，可以围绕人
  体进行移动。

· 服装的长度可以任意确
  定，可以在人体上形成
  水平分割的效果。

· 服装的层叠效果可以创造
  出千变万化的线条。

3 詹巴蒂斯塔·瓦利
（Giambattista Valli）
2016/2017秋冬系列设计

这条百褶裙运用了黑白
线条，将人的注意力吸
引到腰部和臀部，同
时，也将身体分割成了
多个部分。

细节

如果一套服装缺少精美的细节，即便它拥有再戏剧化的廓型和再完美的线条，也会显得不够专业和缺少设计元素。缺少细节的服装可以出现在T台上，但是经不起近距离的审视——例如，商店里挂在衣架上的商品。当服装的细节能有足够的吸引力来说服消费者掏腰包购买时，那就说明它成了促成交易的关键因素。细节对于男装来说显得更为重要，那些稀奇古怪的廓型、线条、面料和图案会令大部分的保守顾客感到不舒服。

选择哪种紧固件，配用哪种类型的口袋以及在表面使用多少明缉线，这些细节的设计往往出于实用的考虑。细节的巧妙设计也可以成为构成系列设计的一种个性化的标识和符号。用特殊的方式剪裁口袋、在服装的某个位置使用装饰物或者某种特别的边缘处理方式，都可以帮助你区分设计师的作品。

口袋的类型和紧固件的使用看上去似乎很普通，然而这并不像从产品样品单上选购那样容易。例如，尽管口袋的设计是出于功能的考虑，而且从概念上来讲应该是固定的，但是这并不意味着你只能按照程式化的方式去设计它。对于某种样式的口袋是如何制作的、其外观效果如何，通常是有一定规定的，但是这些概念都可以被打破和进行再创造。时尚规则制定出来就是为了让人去打破的。

1

2

● 1 魔术师外套
英国设计师布迪卡（Boudicca）为2005秋冬设计的魔术师外套的肩部细节。肩部圆环状分布的流苏给人以肩章的视觉效果。

● 2 "一个口袋"的夹克和带有"爆炸感觉的口袋"的衬衫
出自布迪卡2005秋冬的系列设计。衬衫拥有一个"爆炸"效果的领子，衬衫和夹克都有多个悬空的口袋。

3

● 3 克里斯托弗·凯恩
（Christopher Kane）
克里斯托弗·凯恩在
2016/2017秋冬设计
的这件外套，有着别
出心裁的细节装饰。
整体看起来像是被订
书机钉过一样。

4

紧固件

　　紧固件是指闭合或固定衣服的细节，例如拉链、纽扣、尼龙搭扣、按扣（四合扣）或风纪扣。紧固件的位置一般会出现在服装的前中心处（例如夹克或外套）或后中心处（例如裙子），但服装的开合部位也可以位于侧面或肩缝处，并使用紧固件来闭合。紧固件也可以是口袋的一部分，紧固件是具有功能性的，但也可以用来作为装饰。

口袋

　　对于某些类型的服装来说，口袋具有很强的功能性，而且必不可少，尤其是男装。不同类型的口袋匹配不同类型的服装——例如，牛仔裤上的口袋或工装裤上的口袋。其他类型的口袋有唇袋（双嵌线口袋）、西装袋（单嵌线口袋+袋盖）、贴袋或隐藏在衣服侧缝中的口袋等。

　　唇袋是通过在服装上剪开袋口，然后将上下边缘固定的方式来实现的。袋身附着在服装的反面。

　　西装袋在结构上与唇袋相似。将延长的袋盖缝合到口袋开口处的边缘上，并在两侧缝合固定、覆盖袋口。

　　贴袋是缝在服装外部，由单独布料制成。

　　在设计中，有必要详细说明将使用哪种口袋，因为每种口袋都呈现出不同的外观，这会影响到设计风格。

4　巴尔曼（Balmain）
巴尔曼的服装充满细节。上图所示是2016/2017秋冬采用系带扣作为装饰的服装，同时也具有功能性的细节。

5　玛尼（Marni）
来自玛尼品牌2016/2017秋冬系列设计的口袋细节。

5

6

领子

　　领子是衣服上系在脖子或领口上的部分。从结构的角度来看，领子通常可以折叠，可以分解为一片或者多片纸样。领子常高至脖颈，但是也有一些领子——例如，彼得·潘领型（Peter Pan）——平贴在肩部。翻折领或者塔士多（Tuxedo）领型通常应用于西装夹克中，但是由于设计不同，领型在造型和比例上各不相同。

　　当翻折领翻折起来时，可以看到面料的反面或者贴边。塔士多领型常常出现在正式的男士套装中，或者连衣裙中。其特点就是翻折领底部所选用的缎子面料与西装夹克其他部位的面料形成鲜明的对比。

● 6 亚历山大·麦克奎恩

亚历山大·麦克奎恩2016/2017
秋冬系列夹克上的不对称领口。

面料、色彩和质地

只有当你真正了解和掌握面料的不同类型及品质时，你才能很好地运用面料进行设计。最重要的一点是，如果面料已经摆放在你的面前，你应该知道能用它来设计什么。例如，不可能用雪纺和丝绸面料来缝制出一件挺括的西装，而皮革则不具有很好的悬垂性。

面料的选择也常常受到设计主题和季节需要的支配。你的主题可能会暗示一种情绪或色调，而这些最终都要用面料来呈现。面料的厚重感，尤其是肌理效果，可以暗示出季节性的设计。轻薄的面料更多地运用于春夏服装的设计中，由于厚重的面料更适用于外衣，因而被更多地应用于秋冬季服装的设计中。色彩也常常受到季节的影响。明亮的色彩通常用于春夏服装，而灰暗的色调则适于秋冬服装。但这不是一个硬性规定，色彩的季节性选定这个概念也随着时代在不断变化。因为设计师思维的更加全球化，不同地域有不同的季节区别（和不同时期），所以春夏秋冬系列之间的差异并不像过去那样极端或明显不同。但

是，总体来说，面料的感觉和悬垂感也将会引导你去联想它所适用的服装类型——精通这些，你将会获得十分宝贵的经验。

色彩的选用通常事关个人品味，因此较少有固定的规则，但是有一些色彩搭配是应该尽量避免的。红色和黑色用在一起时看上去会有些陈旧老土，但设计师麦克奎恩的设计经常可以将这两者巧妙地结合在一起。传统意义上讲，黑色和海军蓝不应该一起穿着，但是现在看来也没有那么一成不变了。大量使用三原色会显得俗气而且廉价，尽管有时使用得恰到好处，看上去也会不错，但通常要搭配比它们更加柔和的色彩。色彩与某种肤色并置时，一些色彩会达不到应有的效果。米色和其他"肉色"色调会使皮肤看上去发粉或发红。使用少量的对比色作为点缀，要比大面积地使用更容易与其他色彩形成对比效果，产生强烈的视觉冲击。所以，当你为你所创的系列开发一个色系时，考虑好每种色彩的使用比例是很重要的。

> "我每天都在尝试画那些我发现的和我看到的事物……我试图定义一种样式，它与时尚无关，但更具有个性。"
>
> ——亚历山大·麦克奎恩

1 夏奈尔

这件夏奈尔2016/2017秋冬作品运用了带有婴儿粉色的羊毛粗花呢面料。

2

● 2 普罗恩萨·施罗
（Proenza Schouler）
普罗恩萨·施罗设计
的2016/2017秋冬系
列的这套服装，采用
了多种材质，其中
包括羊毛、PVC（聚
氯乙烯）和针织面料。

3

色彩与季节

　　每一季都会有一些特定的时尚色彩被重点推出。流行预测者通过分析T台发布会以及纵览当季最流行的色彩，来预测哪一种色彩将会流行开来。但是，很重要的一点是，成衣设计师和高级女装设计师很少关注流行色，他们来设定流行趋势，而非跟随。色彩趋势与商业街零售商及那些为他们供应货品的公司相关。

　　一些色彩可以经得起时间的考验，如黑色。也许因为它使人看上去更苗条，而且极易和其他色彩搭配，因此具有经久不衰的流行性。某一些色调则成为一些设计师的标志色彩。例如，瑞克·欧文斯（Rick Owens）和安·德缪勒梅斯特（Ann Demeulemeester）的最经典的色彩是黑色、灰色、柔和色和中性色。设计师也会利用某种纹样、图案作为他们个性化标识的一部分。保罗·史密斯（Paul Smith）常常使用某种糖果的条纹图案，而米索尼（Missoni）则以其"Z"字形的针织纹样而著称。色彩的选用是很个性化和主观的，并非所有的色彩组合都能迎合所有人。你可以观察设计师如何在其系列中运用色彩，考虑色彩的比例与块面、组合运用，思考如何使它们更吸引人。

　　当你发展你自己的色彩系列（色系）并运用于设计中时，很重要的一点就是，要把能够反映出你原创的灵感素材（调研）作为方向。

　　在你设计的过程中，你开发出一组色彩和面料，它必须是在你尝试运用不同的色彩组合来探索若干想法之后，才聚焦于一组设计中的。任何最初选定的色彩和面料都是在已有的基础上进行增补和删改。例如，在一个系列设计中选择了五种色彩或面料，也许还需要另外增加两种色彩或面料以使整个调色板的色彩变得流畅。最初选定的面料中也许没有考虑到设计不同类型服装所必需的厚重感和材质。

● 3 范思哲（Versace）

这款范思哲2016春夏高级定制礼服采用了对比鲜明的色带。

"一些人对怀旧情有独钟，即意味着20世纪60年代和70年代的文化复兴。一些人则坚持穿着非常经典的传统服装，也正是我们通常所说的'真正的'服装，是指很容易穿戴、样式简单的服装。我想创造出一种不属于任何一种类型的事物，并且我会一直坚持下去。"

——川久保玲

4

5

6

4-6 面料

这些是手绘本中收集的最初的面料系列。这个面料系列探索了各种不同的面料、色彩和肌理。

BREATHING NATURE
VORANATT

演绎你的创意

效果图是传达设计理念的工具——从字面上来理解，是将你头脑中形成的设计思维画到纸上。尽管创意可以在人台上通过立体的形式来实现，但是在某些阶段，仍然需要先在纸上进行绘制。拥有良好的绘画功底，虽然不是成为一个好的设计师的必备条件，但是它一定会对设计有所帮助。

如果你疏于练习，绘制效果图就有可能变成一件痛苦的事情。你必须记住的是：对于你来说最重要的事情是设计，而不是绘画，除非你打算成为一名时尚插画家。虽然重复本身是十分令人质疑的，但是，不断地重复与练习仍然是提高绘画技巧的关键所在。

1–5 时装效果图
手绘本中的时装效果图。

如果你不努力思考那些需要被演绎的东西，自然而然就会形成一些坏的习惯。例如，本来应该是手，却被画成了鹰爪的形状。长此以往，你对客观事实的了解也就缺失得越来越多。

作为一个设计师，所有的工作都是围绕着人体展开的，因此，在某些阶段进修一些人体写生的课程会对你有所帮助。绘画裸体模特会有助于你了解人体解剖学、肌肉和人体比例，以及在平衡状态和各种姿态下人体的变化。而绘画着衣模特也是很有用的，它可以让你了解服装和人体的贴合关系。这两种练习都需要借助于一定的艺术媒介，以"标注说明"的方式反复进行尝试（通过运用绘画材料将设计想法表达在纸上）。

2
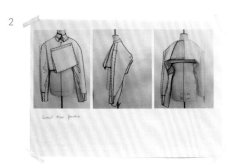

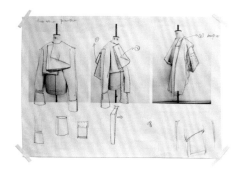

1

3

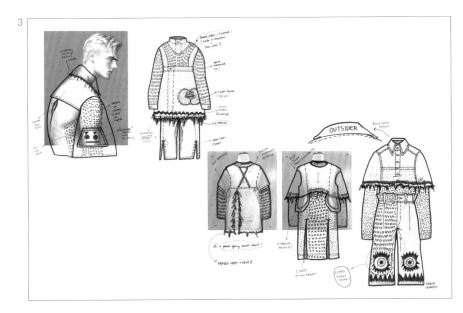

时装效果图与时尚插画

明确时装效果图与时尚插画的区别是十分必要的。时装效果图主要体现在设计过程的初期,主要在纸上表达你的设计理念。时尚插画表现的重点并不完全在于设计,而在于捕捉服装的神韵并使设计的效果得以提升。它通常体现在设计过程的后期,将穿着于人体上的服装效果更加形象化。时尚插画一般放在作品集当中。

时装效果图

时装效果图是一种人物速写,可以将你的想法快速记录下来。它并不需要你有天马行空的想像力或者很好的绘画功底。它着重强调的是比例关系,因此它不得不模拟真实人体。如果你的绘画比例太过失调,也会影响到你的设计作品。效果图中,拥有一副长腿的高挑人体看起来非常不错,

4

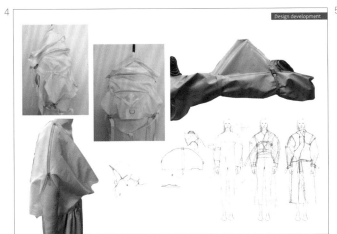

Design development

5

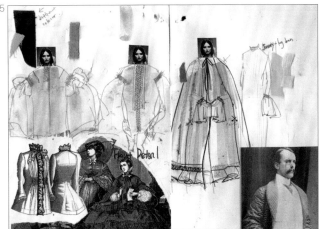

6

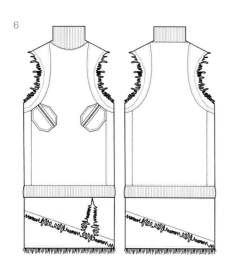

7

6-9 时尚插画
作品集中的时尚插画图例。

但换到实际人体上可能就不那么容易实现了。

时装效果图也需要相当快速地完成。理想的状态是，当极富创造性的灵感泉涌而出时，创意会快速来到你的笔端，在它们被忘掉之前，你需要立刻将它们记录在纸上。而且，它们的确是会被很快忘掉的，因为大脑极易将注意力转移到其他方面。当你画出你的设计时，试图尽你所能地画出它的色彩和面料。你的设计不仅仅可以表达出廓型和细节，而且还可以表达出色彩和面料的感觉。

时尚插画

时尚插画主要用来表达一种情绪或者特定的氛围，即通过设定服装穿着的场景，并通过造型、化妆、发型和姿态来表达穿着者的风貌。时尚插画并不需要画出服装的全部，除非当它出现于设计作品集中用来展示一件还未真正完成的服装样式，用于表明那些未能做成成品的服装。在这里，时尚插画代替了摄影作品，展示出服装与人体交相辉映的外观风貌。

时装效果图和时尚插画都没有用完全写实的方式来演绎人体。一些时装效果图中的造型显得十分独特，因为它们并不完全依赖真实的人体形态，而是依赖于对时装效果图本身的理解（换句话说，就是参考其他类型的时装效果图），而且一些时装效果图更像是卡通画。通过练习，你的时装效果图最终会显现出自己的风格特色，并且和你的个人标签一样充满个性。

8

9

人体模板

时装效果图所要求的是速度，将你的理念尽可能快地画到纸上，否则很快便会被忘掉。如果你是一个初学者，你可以将设计图纸（或者是透明纸）覆盖在事先画好的人体上来绘制服装，这种方法可以加速你设计的进程。人体模板可以从"如何绘制时装画/效果图"这样的书中找到，也可以从你的效果图中逐渐提取适于表现服装的人体模板。当然，最好还是从你的效果图中去发展，这样会使它们显得更独特。但是，需要提醒的是：如果你太过依赖人体模板，这也说明你相当缺乏效果图的绘画练习。

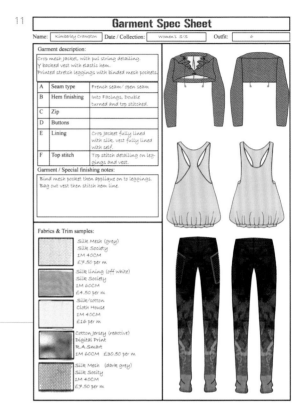

11

10 "一字排开"
一个系列在进行展示时，需要将所有服装"一字排开"，以这样的方式，来将它们看作是具有内在联系的整体。人体模板可以被用来绘制效果图。

11 服装工艺单
服装工艺单包含了制造商实际生产加工这款服装时所需的所有信息。

10

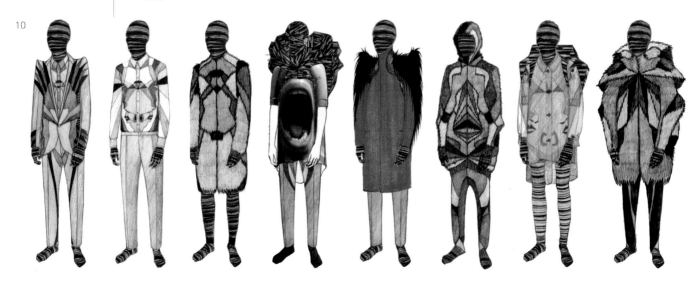

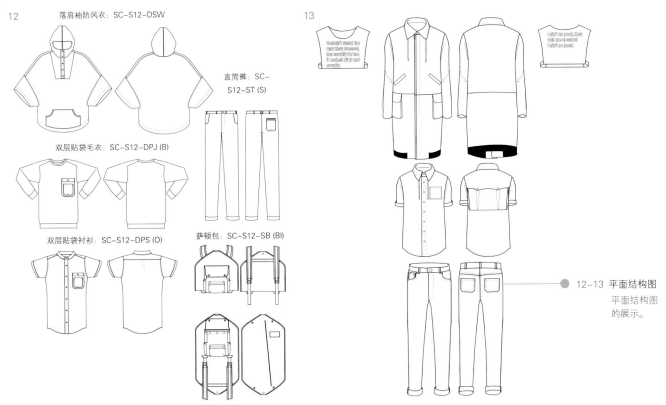

12　落肩袖防风衣：SC–S12–DSW

直筒裤：SC–S12–ST (S)

双层贴袋毛衣：SC–S12–DPJ (B)

双层贴袋衬衫：SC–S12–DPS (O)

萨顿包：SC–S12–SB (BI)

13

12–13 平面结构图
平面结构图
的展示。

平面结构图

绘制设计作品时，你也许不需要考虑任何与设计无关的过度渲染，但是会更多考虑使用标注说明的方法，或者想象着面料究竟是以怎样的方式打褶或者如何使面料更富动感。你也许还会留有一些细节问题有待解决，如紧固件、明线、缝线、省道等，这些问题可以在某些设计点上注明。这些问题在裁制纸样和制作坯布样衣时会遇到，因此，如果是由其他人来裁制纸样的话，还是要提早注明出来。

平面结构图（Spec Drawings，是Specification Drawing的缩写，有时也称为工艺图、结构图或平面图）是服装的平面款式效果图，包括正视图和背视图，就好像服装被平放在桌子上。平面结构图表明服装的所有细节和各部分之间精确的比例关系。绘制平面结构图通常只使用线条，这些线条着重表现的是服装的结构和细节。大多数情况下都会采用黑色线条绘制。笔尖直径为0.8mm的笔可以被用来绘制外轮廓线、缝线、省道和细节的变化（取决于细节的类型），而另一种更细一些的、笔尖直径为0.3mm的笔可以用来画明缉线。

绘制明缉线有两种常用的表现技法：一种是连续的细线，另一种是采用虚线来画，这也是通常采用的方法。如果使用后一种方法的话，就要确保虚线整齐、规则、密集，否则外观就会给人带来大针脚、粗糙、手工缝制的印象。也可以使用细线来绘制扣子、按扣或者其他细节，因为绘制结构图没有绝对的规则，只要你将服装的细节准确地表达清楚，就应该没有问题了。

在企业里，平面结构图会直接交给打板师，并由他们根据设计图来裁制纸样。因此，这种图纸应该准确无误地传递设计师的意图，一定要避免打板师在理解方面有任何模棱两可的感觉，所以平面结构图必须是深思熟虑的结果。在没有坯布样衣可供参考的情况下，平面结构图可以帮助样衣制作师来了解服装的结构。

绘制平面结构图是在服装设计过程中比较重要的设计环节之一。这个技能需要你多多尝试练习，才能熟能生巧。在开始阶段，你可以先试试徒手绘制一些款式图，也可以通过Adobe Illustrator之类的设计软件来绘制。

作品集

　　作为一名设计师，作品集就是你辛勤努力后最重要的成果之一。作品集（也叫作设计企划书）就是将你的作品进行梳理，以便展示给别人看。其中作品集与调研手绘本放在一起，都是需要向你的投资商、雇主、造型师和记者们展示的东西，以此来引起他们的兴趣。

1–2　学生作品集
学生作品集中的作品范例。

毕业设计作品集

　　期中、期末以及最后获取学位时，每一个评定都是以一个作品集为依据的。

　　你的毕业作品集将包括时装效果图、时尚插画、平面结构图、面料小样、主题板、面料板、服装成品与整套服装的照片。其中还包含整理出来的工作"过程"，你所拓展的手绘本也是设计旅程的一部分。这部分内容展示出，作为一名设计师，你如何工作和思考的，展示这些给他人是非常有用的。

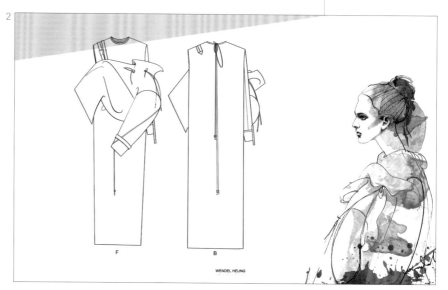

自由设计师的作品集

作为一名自由设计师，你的作品集更多地记录着你所做的服装和系列设计。它们可以是T台捕获的镜头，也可以是由你或造型师为你的系列设计所设计的服装造型图片。作品集也可以是以剪报的形式保存下来的重要资料和信息的档案。

商业作品集

作为一个为设计公司工作的职业设计师，你的作品集要尽可能多地体现出你所设计的作品，包括照片和图稿。除此之外，还有新闻媒体对你的设计作品的评价。如果你正在为一家公司工作，而你的设计图都是以平面效果图的形式来绘制的，那么在作品集中有必要把它们全部罗列出来。

以上这两种作品集在内容和侧重点上都各不相同。它们代表了更为专业的设计工作，但这并不是否认毕业设计作品集的重要性，它毕竟是从学生迈向专业时装设计师的第一步。

3

4

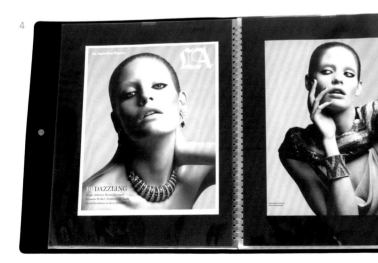

3–4 基于杂志剪贴的作品集
来自理查德·索格
（Richard Sorger）
杂志剪贴作品集中的杂志剪贴范例。

时装设计师：
彼得·詹森（Peter Jensen）

时尚档案

彼得·詹森，出生于丹麦朗格斯特（Logstor），现在伦敦工作，很早便给人以一种将创造力与幽默欢快的个性化方式相结合的印象。他的每个系列都会参考一位著名女性，从西茜·斯派塞克（Sissy Spacek）到辛迪·舍曼（Cindy Sherman），将她身上对设计师具有吸引力的风格、精神、情感、态度作为设计元素。

请描述一下你的品牌。

我们既做男装也做女装，到今年，我们品牌已经15岁了。

你一季能完成多少系列或项目？

现在一年有5个系列，还有一个合作项目。

调研在你的设计实践中扮演什么样的角色？你喜欢做调研吗？

是的，我非常喜欢。调研在彼得·詹森品牌设计所做的工作中发挥了重要作用。

你的设计灵感是什么？

每一季，我们都有一个"缪斯"，而且总是女性。过去，我们曾经选择了像南希·米特福德（Nancy Mitford）和西茜·斯派塞克（Sissy Spacek）这样的女性。在2012年度假系列中，是梅丽尔·斯特里普（Meryl Streep）及其电影《克莱默夫妇》（Kramer vs. Kramer）《猎鹿人》（the Deer Hunter）和《曼哈顿》（Manhattan）。其实，我们把这些女性身上所具有的特质作为设计元素运用在系列设计上，并将其作为一种有效的设计方法。对我来说，这种方法是我们与造型师、摄影师以及合作的其他创意团队的沟通方式。最终，所有的元素串成一个故事并为我和我的团队建立了一个隐形的设计规则。

做调研时，你一般会做什么？

我会把所有的设计元素都放进一本册子中——不是手绘本，而是一本A3大小的册子（11.7英寸×16.5英寸）而且这些元素从始至终都保持一样大。我喜欢这样做，因为看上去会很统一。哪个放在最前面——是面料还是服装廓型？其实，我认为应该是混合在一起的，有时是设计在先，有时面料在先。

你是如何进行设计的？是在调研完成之后还是在调研过程中？

我总是从调研着手进行设计。话虽如此，我还是喜欢将设计与调研同时进行，因为你可以看到你是否在朝着正确的方向前进，是否一切顺利，或者你有可能觉得需要重新开始。

你的设计是否存在什么固有的设计模式吗？

我更喜欢在家里或在周末进行设计。在每一季设计开始之前，我都会看同一部名为《斗牛士》（Matador）的丹麦电视剧。我都不知道看过多少次了，但它总是能够让我感到很放松。

你更喜欢二维还是三维的形式进行设计？或两者组合？

二维形式，我认为它适合我绘画的方式，也是我曾接受过的训练方式。

你如何决定哪些设计会构成最终的系列，以及在什么时候就该停止设计了？

我们会在演出前一天停止设计——只有到那一刻，才会将那些不合时宜的款式"毙"掉。一旦造型师开始工作，你就会很快明白哪些设计是有用的，哪些是没用的。当然，也有一些作品，虽然不适合放进展示系列，但是会适合销售。

从始至终，你最喜欢设计中的哪一环节？为什么？

我喜欢绘画，因为在那一刻，你可以在头脑中自由自在地进行创造。我还喜欢服装的试穿环节，因为通过试穿，你可以明白试图诠释的东西是否表达出来了，同时，也可以使制板师和团队中的其他成员理解你想要达到的效果。

1–3 "雪莉"（Shirley）
彼得·詹森2016春
夏系列设计"雪莉"。

4–5 "佩吉"（Peggy）
彼得·詹森2016/
2017秋冬系列设计
"佩吉"。

时装设计师：
维妮·洛克（Winni Lok）

时尚档案

本科毕业后，维妮·洛克相继为侯塞因·卡拉扬（Hussein Chalayan），蒙塔纳（Montana）和雅格狮丹（Aquascutum）提供咨询服务。

2005年，她成为伦敦薇斯莱斯（Whistles）的设计主管，负责监督针织服装。

2008年，她搬到了伦敦，入职尼科尔·法伊（Nicole Farhi），成为针织服装的负责人。

2010年，维妮·洛克担任纽约卡尔文·克莱恩（Calvin Klein Collection）的设计总监，然后还在巴伦夏加（Balenciaga）工作。

她目前在普罗恩萨·施罗（Proenza Schouler），路易·威登（Louis Vuitton）和瑞克·欧文斯（Rick Owens）做创意针织服装顾问。

你的职位头衔是什么？
创意针织服装顾问。

请描述一下你的工作。
我目前与路易·威登、瑞克·欧文斯和普罗恩萨·施罗合作。在路易·威登，我为其明星系列研发和设计针织品。在瑞克·欧文斯，我主管女装和男装的研发与设计，在普罗恩萨·施罗，我主要负责时装秀上所有针织服装创意的研发和设计。

整个过程包括：做调研、采集古董服装、寻找纱线、缝制及面料研发、设计和试穿等。

你还和哪些品牌合作过？
巴伦夏加，卡尔文·克莱恩，尼科尔·法伊，薇斯莱斯，雅格狮丹，蒙塔纳，侯塞因·卡拉扬。我创立自己的品牌也已经八年了，既有男装也有女装。

你的职业生涯是如何一路发展而来的？
我在利物浦约翰摩尔斯大学（Liverpool John Moores Univeristy）拿了时尚专业的本科学士学位，然后在伦敦的圣马丁学院获得了针织服装专业的硕士学位。2010年我重新回到纽约的卡尔文·克莱恩公司去监督管理那里的针织服装。

2014年我回到伦敦，担任创意顾问的工作。后来，我被邀请到普罗恩萨·施罗品牌为他们的T台展示做设计，我便开始与他们合作了。随后，我遇到了亚历山大·王（Alexander Wang），他邀请我留在巴伦夏加与他合作。随后，在2016年我便开始为路易·威登和瑞克·欧文斯做设计。

你平时的工作内容主要是什么？
我与所有公司合作都采取远程工作的方式，所以我基本上都在伦敦的办公室工作。

我基本上每周都会选一天去巴黎，到路易·威登公司去了解那里的情况；然后再去意大利与瑞克·欧文斯团队会晤或参观工厂。

从本质上来说，没有一天的工作内容是相同的，这也是我喜欢的，但这需要我一丝不苟地做好时间管理和提前规划。

什么时间段才是你的正常上班时间？
这取决于我手头上的项目，当我处于非常紧张的时期时，我可能要连续工作很长时间，连周末都要忙。如果我在为纽约的普罗恩萨·施罗做设计，由于时差的缘故，我就只能在晚上和他们一起工作。

你的工作中最可贵的品质是什么？
要对自己的工作充满热忱，充满希望、热情、奉献精神，并且具有极强的组织能力。要注重细节，永不满足。

1

2

1 普罗恩萨·施罗
　普罗恩萨·施罗2017
　春夏的关键风貌。

2 普罗恩萨·施罗
　普罗恩萨·施罗2016/
　2017秋冬的关键风貌。

你的工作充满着怎样的创造力？

相当强的创造力。其实就创造力而言，很重要的一点是我们要不断提问，我们要推翻一些先入为主的设计理念，要对现有的一切不断提出挑战，寻找新工艺，思考我们对针织服装的理解。

在我刚开始为卡尔文·克莱恩工作时，他们的T台秀上几乎没有一件针织服装。而当我离开时，85%的T台系列都是针织服装。这不仅归功于我的团队，他们一直在探寻如何设计出时尚的服装，还要归功于我们在面料方面所做的开发（在棉针织面料方面），为我们设计的服装赋予了精致的现代感。

当我们与弗朗西斯科（Francisco）当时的创意总监科斯塔（Costa）一起合作时转变了人们对针织服装的固有心态，这令我们感到异常兴奋。设计过程"痛并快乐着"，我认为他是和我一起工作的人中，最具有才华和远见的人之一。他会不断推翻再推翻，努力追求完美，并质疑一切，直到他获得满意的结果为止。我从他那里学习到了很多，修改、修改，再修改！

在巴伦夏加品牌与亚历山大·王、合作也是很有趣的，因为他总是亲力亲为，给予了我们很多创作的自由。他对时尚及其内涵有着不可思议的见地和年轻的看法。非常符合当下流行。

与瑞克·欧文斯合作，通常没有什么要求，基本上就是你能做什么，你就动手去做吧，那需要极强的创造力，但也确实让人伤脑筋。瑞克·欧文斯的眼光是非常独到而专注的，因

3

4

此，他的眼光也会成为不可思议的设计中的一部分。具有令人惊叹的品味水准且极富远见。

您和什么样的团队一起合作？

当我为不同的时装公司提供咨询时，也会和他们自己的内部团队人员一起工作。每个公司通常都有负责生产的沟通联络员，他们会与工厂交接。我和普罗恩萨一起与在纽约的团队密切合作，他们会将纽约发生的一切传达给我们，以一种充分对未来的预测，来猜想什么是拉扎罗（Lazaro）（Fernandez，费尔南德斯）和杰克（Jack，婚纱礼服品牌）（McCollough，麦科洛）最想要的东西。

你觉得工作中最棒的部分是什么？

我感到非常幸运，我可以做我愿意的事情，并且能够和这些才华横溢的人才一起合作，从创意总监到工作室或工厂里的人，是他们创造了奇迹。他们是魔术师，在他们的帮助下，你可以体会到很多美好的东西。

那最坏的部分呢？

在机场苦等。

3-4 瑞克·欧文斯
瑞克欧文斯2017春夏的
主打造型。

设计练习

在本章中，我们已经向你介绍了在设计过程中需要考虑的关键因素，并讨论了以何种形式来演绎你的创意。我们已经看到，要使你的设计取得成功，必不可少的三个基本要素是：

（1）廓型，比例及线条。

（2）细节。

（3）面料，颜色及质地。

练习1

为你的设计拓展出一个人体模板。可以是你自己绘制的效果图，也可以是根据现有的模板拓展而来。如果是选用现有的模板，尝试以某些方式使其更个性化。与此同时，你也可以尝试徒手绘制一系列人体，或直接用一些你之前使用过的人体模板。这将会为后面的工作节省很多时间，因为你只需给这些人体"穿上衣服"就可以了，这加速了设计过程。但最好不要每页只画一个人体，而是根据你页面的大小和布局，每行画3~6个（根据页面是横向还是纵向）。

拿出你之前在第一章创作的调研手册，回顾整个调研手册，对可能给你的服装廓型带来灵感的创意图片做出标记，把它们列成一份清单可能会对你有所帮助。不要只拘泥于参考时尚图片——还要考虑可以启发你灵感的其他图片。例如，大教堂的穹顶可能会启发裙子或袖子的廓型，你需要做的就是在你预先画好的人体模板上只聚焦于廓型进行绘制。

试图夸大身体的不同部位，如颈部、肩部、胸部、腰部、臀部或腿部。确保你的调研与你设计的廓型密切相关。

同样，根据你的前期调研，寻找那些可能对比例和线条带来灵感的图片。你可以在人体模板上开始画线条，高效地对其进行"分割"，这些线条都是从你的调研灵感中提取的。考虑一下水平线、垂直线、对角线、曲线和成角度的线条等。

当然，如果你还没这样做，你可以对细节做一些额外的调研，如口袋、纽扣、装饰等，然后把这些研究添加到你的时尚文件中。这样可以使你意识到以前没有注意到的各种细节：不同样式的衣领或口袋的不同做法。运用你调研手册中的主题，可以设计出一系列的口袋、领子、袖口、开口、装饰或其他细节。然后，可以把这些细节元素放在你的人体模板上，或者在这些模特身上直接画出细节来。

练习2

回顾一下你第一章采集的主题调研资料，选择一张你喜欢的彩色图片，然后尝试使用颜料或其他绘画材料，将这张图片中的色彩、明暗和色调提取并混合；尤其当你选取的是一张照片时，其中的色彩就不会是几种单色，你就必须从中选出来适合你的色系的色彩来，经过多次调色才能得到完全精准的色彩。

将你选中图片中的色彩、明度、色调提取出来，选择6~10种色彩。选择6~10种色彩并不是一个硬性要求，但它有助于缩小色彩选择的范围。将这些色彩剪切成正方形或长方形，然后把它们并排放在一起，直到你获得了你想要的色彩系列。你需要确保这些色彩粘贴在一张白色背景中，这样就可以不被其他色彩所干扰，这样做对你会有所帮助。这些色彩将会构成你未来服装系列的色系。这些色彩应该作为一个整体应用在你的服装中，并在你的设计中发挥潜力。

练习3

运用练习1中的创意想法，将有关廓型、比例、线条以及关于细节的各种想法融入一个全新的系列设计中，同时尝试画出尽可能多的想法，使每个设计都包含你所整理出来的元素。

然后，运用你在练习2中拓展出来的色系，尝试运用各种不同的绘画材料将它们表现在你的设计中。可以把一些最初效果图以黑白稿形式复印出来，并在上面进行多种设计尝试。

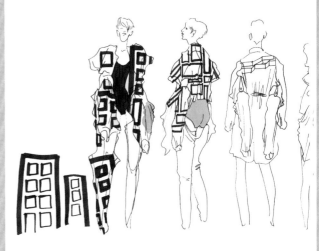

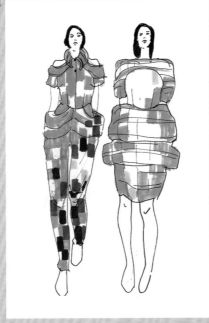

1 将军服设计的细节应用
到这些设计中

2 建筑的简笔画在这里被应
用于生成服装的图案

3–5 围绕着廓型、比例和
线条以及细节和色彩
进行尝试

3　面料与工艺

　　作为一位时装设计师，你必须要很好地了解面料及其特性。例如，面料是如何织造的？是由什么制成的？其外观又是怎样的？这些知识可以帮助你为设计选择最合适的面料。

　　了解那些可应用于所选面料的各种工艺处理形式也是很重要的。这将会给你的设计带来无穷无尽的灵感来源。例如，一块面料可以利用染色或者印花来获得特殊的色彩，通过装饰、刺绣或者打褶造成面料肌理的变化。努力去掌握尽可能多的面料名称和工艺处理形式，通过这种方式，你将会更好地向别人表达你在面料上的创意。

　　最后，也许是最重要的一点——作为一名当代设计师，在设计过程中我们应该考虑到面料对环境带来的影响。

　　当你选取面料时，应该思考一下这种纤维的来源是否是有机的？用来为纤维染色的染料是否环保？或者，是否需要考虑一下你所选面料的生产企业是否符合公平贸易标准？你是否赞同使用皮草或皮革？这期间，你将会遇到很多这种道德伦理的问题，并寻找这些问题的答案。

面料

　　对于设计师而言，了解面料的特性与品质都是十分基础和重要的。对于服装设计来说，面料的选择是决定整个设计成败的至关重要的因素。

　　首先，面料的质地和手感将会影响服装的廓型，它决定了服装的造型感和悬垂度。例如，与厚重的羊毛面料相比，丝绸具有更好的悬垂性，而羊毛织物则易于表现服装结构的特点。当我们说一款面料的"触感"的时候，一般指的是面料在你手中触摸时的感觉，它的质地和重量，或是当你拿起它时，它的悬垂感。

　　其次，一种面料之所以被选用，是因为它具有与其功能相适应的外观特性。例如，牛仔服装必须要很舒适、耐磨和穿着持久——而斜纹布是满足这些要求的完美材料。风雨衣必须轻便，但仍需要为人体提供一定的保护，带有涂层的棉质材料则是这类服装最理想的材质。一件紧身合体的T恤最好使用具有良好拉伸性、透气性的材料，也许100%棉的针织物比较合适。

　　最后，面料的选用还必须要考虑其本身的审美特性，也就是说尽量选用那些我们可以看到和感觉到的色彩、图案或质地。下面让我们进一步了解面料特性的界定。面料的构成成分是什么？是天然纤维，还是人造纤维？面料自身如何构成，其组织结构是怎样的？例如，是针织的、梭织的，还是钩编的？

1

1–2 《仙境》（*Wonderland*）杂志

由埃琳娜·伦蒂娜（Elena Rendina）为《仙境》杂志所拍摄的照片（2011），完美展现了服装上的色彩、质地和图案令人兴奋的混合运用。

"时尚就是你穿着你自己的衣服，而不够时尚则是你穿了别人的衣服。"
——奥斯卡·维尔德（Oscar Wilde）

天然纤维

天然纤维来源于有机原料，它们可以分为植物原料（由纤维素组成）或者动物原料（由蛋白质组成）。

纤维素纤维

纤维素纤维是由碳水化合物组成，并且是构成植物细胞壁的主要部分。它可以从不同种类的植物中提取，用以制成适于纺织生产的纤维。这里我们关注那些最适于服装生产的面料。它们都必须足够柔软、可穿着，并且经过穿着或洗涤不易破损。

棉是最重要的植物纤维之一，它很柔软，具有"有绒毛"的特性，棉纤维围绕着棉籽生长。这些纤维从植物中提取，然后纺成棉线，全世界纺织品中有40%的产品是用棉纤维来加工生产的。经久不衰的流行体现出它超凡的多样性，不同克重的纱线可以用于梭织或针织，并且具有耐磨和透气的特性。因为它吸湿并且易干，在炎热的天气里显得实用、舒适。

亚麻织物具有和棉织物相似的特性，尤其是它的手感，但它会更易产生褶皱。它来自亚麻植物并且通常被认为是最古老的纤维。作为棉织物的替代品，还可以选用大麻、苎麻和西沙尔麻来加工生产。

1

1 艾比·康拉德（Eppie Conrad）
由当代设计师艾比·康拉德设计的棉质数码印花针织装。

有机面料生产

通常情况下，为了防止病虫害、改进土壤结构以增加收成，农民们大都会使用化肥和农药，化肥和农药也会喷洒在植物上。这些化学成分被棉花等植物吸收，并且在加工生产的过程中还会有所残留，这就意味着在和我们皮肤紧贴的面料中还会残留这些化学成分。鉴于对环境问题的考虑，制造商逐渐开始开发无须使用化肥和农药就可以生长的有机纤维。

有机面料产品比较昂贵，但是对环境的污染较小，对于消费者来说更为健康。

凯瑟琳·哈姆内特（Katharine Hamnett）和艾顿（Edun）都是在20世纪80年代尝试将有机面料与时装设计相结合的先驱人物。如今，越来越多的时尚组织在他们的产品线中选用有机生长的面料。

2

2 库艺驰（Kuyichi）
一件来自荷兰可持续时尚公司库艺驰所推出的有机时装。

蛋白质纤维

蛋白质对于所有生命体的细胞结构和功能来说都是必不可少的。角蛋白（Keratin）来自毛发纤维，是在纺织生产中使用最普遍的蛋白质纤维。

绵羊身上的羊毛对羊皮可以起到保护作用。到了一定的年限，它们就可以被割剪下来纺成毛线。不同品种的绵羊可以产出不同品质的纱线。羊毛具有温暖、略有弹性的特点，但是过高的温度将会对羊毛产生不利的影响。因此，如果在热水中洗涤，羊毛纤维就会变短，以致使面料收缩。山羊毛也可以用来生产羊毛织物。特定品种的羊毛还可以生产出马海毛和安哥拉羊毛织物。羊驼毛、驼毛和兔毛也可以被用来生产具有保暖、奢华品质的面料。

丝属于蛋白质纤维。蚕茧可以生产出大量的丝，因为蚕茧本身就是由连绵不断的丝组成的，蚕为了保护自己而吐出丝将自己缠裹起来。家蚕吐出的丝与野生蚕吐出的丝相比更结实，也更细。在家蚕的养殖中，会在蚕茧形成时杀死蚕虫，这样可以确保丝质的连贯。对于野生蚕来说，蚕虫会在蚕茧形成后破茧而出，那样的话，就无法保证获得连贯的蚕丝了。

4

羊毛面料

由羊毛制成的面料，往往具有保暖和透气的特点。然而，它们相当不稳定，当受热或摩擦时，羊毛纤维可能会缩短。这是由于纤维收缩造成的。

3 **羊毛的来源**
天然纤维可以来自美洲驼、美丽奴绵羊和安哥拉山羊。

4 **彼得·詹森**
由当代丹麦设计师彼得·詹森所设计的双层蕾丝和丝绸连衣裙。

5 **巴伦夏加**
2016/2017秋冬系列的厚羊毛大衣。

3

5

人造纤维

人造纤维可来自纤维素纤维和非纤维素纤维。纤维素是从植物中，尤其是从树木中提取的。像人造丝、天丝、醋酯纤维、三醋酯纤维和环保型纤维素纤维等人造纤维，都是纤维素纤维，因为它们都含有天然的纤维素。除此之外的其他所有人造纤维都是非纤维素纤维，它们是完全由化学制品制成的。其中，我们较为熟知的是合成纤维。

20世纪，化学工业的迅猛发展使得材料生产发生了一些巨大的变革。以前主要用于纺织品后整理技术中的化学制品，现在可以从天然原料中提取纤维素，进而制成新的纤维。

纤维素纤维

纤维素纤维就是首批开发的人造纤维之一。它是从纤维素纤维中提取出来

混纺面料

如今的面料有些是由天然纤维和人造纤维混合而成的。因此，这种面料也许可以具有几种纤维的特性。像涤/棉混纺面料，其中棉纤维具有透气性，涤纶抗皱，因此这类面料更容易保养。另外，像棉/莱卡混纺面料，莱卡可使面料更具弹性。

1

的，可以模拟天然丝绸的品质。人造丝面料比较结实，具有很好的吸湿性和良好的悬垂性以及柔软的手感。在人造丝的生产过程中使用了不同的化学制品和加工手段，每一种人造丝都有各自不同的名字。它们包括醋酯人造丝、铜氨人造丝和黏胶人造丝，我们通常称为黏胶。罗塞尔（Lyocell）和莫代尔（Modal）都是从人造丝发展而来的。

天丝是第一个环保的、对人类不造成任何伤害的人造面料。它产自一种可以持续生长的树种，而且用来提取天丝的溶剂是可回收再利用的。天丝面料也是一种结实的面料，具有丝般的悬垂感和柔软的手感。

1 人造纤维和合成纤维面料

上排面料包含：棉/锦纶/莱卡混纺，锦纶，防裂锦纶，涤棉，带有特富龙（Teflon）涂层的涤棉，涤棉/毛/马海毛混纺。

下排面料包含：马海毛/棉/黏胶混纺，涤纶，涤棉，锦纶网状面料，涤纶。

2

⬤ 2 雷伯特公司（Liberty
& Co.）晚装外套，约
1925年

这是较早在女装当中
使用人造丝的例子。
此外套是由人造丝提
花面料制成的，上面
是金色菊花图案。袖
克夫和下摆是金色人
造丝，领子是由海狸
毛皮制成的。

合成纤维

在第一次世界大战之前，德国一直是世界化学工业的中心。第一次世界大战之后，美国夺得化学工业的霸主地位，并且开发出了他们自己的专利产品。杜邦就是当时开发面料的大型化学公司之一。1934年，杜邦就能够生产长聚合链分子，是第一个制成聚合锦纶的公司，这是合成面料开发的开端。

锦纶是一种结实、轻质的纤维，但是在高温下易于熔化。它也是一种光滑的纤维，也就是说，污物不易在其表面停留。在第二次世界大战期间，由于从日本供应丝制品的来源被切断，美国政府再次发出指令，用于袜子和内衣生产的锦纶将被用于生产军用降落伞和帐篷。

此外，还有其他几种合成材料。例如，腈纶——杜邦公司于20世纪40年代开发——具有毛的外观和手感，它不易引起过敏，但是在一定热度下易于熔化。拉斯泰克斯（Lastex，商标名，译者注）是具有弹性的纤维，但是反复洗涤会使其弹性下降。它被用于氨纶中，也是一种具有超强拉伸力的纤维。涤纶是结实的抗皱纤维，在1941年由ICI（Imperial Chemical Industries Ltd，英国化学工业集团）开发。涤纶可以从回收的透明塑料饮料瓶中提取再利用。醋酯纤维具有丝绸般的外观，却没有丝绸的手感，它吸湿性差，但是易于晾干。

合成纤维最好能与天然纤维混纺在一起，以便提高其性能。例如，涤纶与棉混纺可以制成既具有天然纤维的手感又不易产生褶皱的面料。莱卡和氨纶织物可以和其他纤维混合在一起，以具有更好的拉伸性。这样的面料可以确保服装不易变形，尤其适用于活动量较大的运动服。

1 第二次世界大战
在第二次世界大战期间，长筒袜的供应短缺，因为锦纶都被用来生产降落伞和帐篷。在这张图片中，女人们蜂拥而至抢购一些低质量的人造丝长筒袜。

面料研发

现代很多面料的研发手段都是受益于军用或者太空旅行的研究。例如，戈尔特克斯（Gore-Tex®，防水织物）首次被开发出来是用于美国宇航员纳尔·阿姆斯特朗（Neil Armstrong）完成早期太空任务中使用的电线。其后，在1976年，它又被进一步开发并注册成为一种透气的防风、防水材料，并于1981年被用于美国国家航空和宇宙航行局（NASA，National Aeronautics and Space Administration）宇航员的服装。现在，因其特有的性能而被广泛用于室外服装和运动服装中。

面料的研发也可以来自对大自然的观察。蜘蛛吐的丝比钢铁还要结实，而且具有拉伸性和防水性。生物化学家目前正在研究它的结构并试图研制出具有相同性能的、可用于面料生产的合成纤维。

如今，更令人惊叹的科技正在不断开发，人们开始研究合成智能纺织面料。此类面料可以通过热、风、光以及对周围环境的接触自动做出反应，其面料内组织结构实则就是一个小型网络，面料通过它自动传输数据。还有一些面料，它们的成分中混有微型胶囊，其中包含有如药物、维生素或紫外线阻滞剂等化学物质。这些化学物质可以通过加热或摩擦自动分解，释放到人体皮肤上。

现在，越来越多的公司正在研发可持续发展的面料。可以在新面料中加入可回收再利用的纤维，或在面料染色过程中回收染料，或选择符合公平贸易标准的工厂进行合作。

● 1 蛛丝技术
这张图片中的披肩是由100多万只雌性马达加斯加金圆蜘蛛的蛛丝制成的。生物化学家目前正在开发一种纱线，这种纱线可以模仿蛛丝的品质质地，并用于面料生产。

● 2 情绪传感器毛衣
基于测谎仪测试技术制成的情绪毛衣，它利用传感器将穿着者的情绪和脉搏转换成各种色彩。

1

2

3

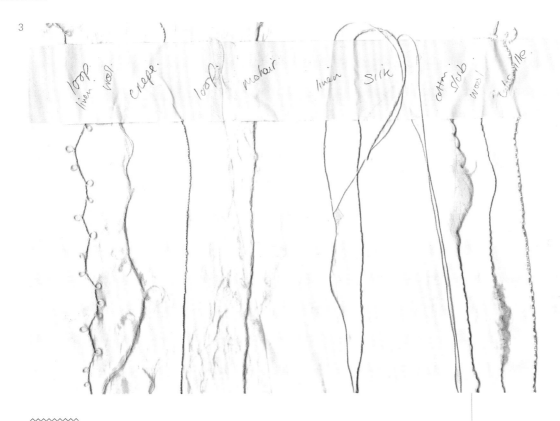

纱线生产

纤维可以是"短纤维",也可以是长而连续的"长丝"。

在纤维生产中,纺丝原液从喷丝头上很小的孔洞中被挤压穿出,形成极长的、连续不断的纤维被称为"长丝"。与天然纤维不同,生产者可以控制化学纤维的粗细,并用"旦尼尔"(Denier)一词来专指纤维粗细。

化学纤维长丝可以被剪切,进而模拟天然纤维及其性能。天然纤维大多是自然形成的、较短的纤维,唯一例外的是丝,它能天然形成连续不断的长度。当与天然纤维混纺时,化学纤维需要被剪断成短纤维。

纺纱之后,纤维可以通过加捻形成纱线。纱线可以以不同的方式进行加捻,从而使成品面料具有不同的外观风貌。绉纱(Crepe)纱线是被高度加捻的,可以在成品面料上形成泡泡状的肌理效果。圈圈纱(Boucle)纱线沿着它的长度方向有不规则的线圈或卷曲,由这种纱线制成的面料能够在面料表面形成有特色的、多节的外观风貌。

● 3 纱线类型

从左至右:亚麻线圈,毛线圈,绉纱,细带子,马海毛,亚麻,原丝,丝棉节子花式纱线,全毛节子纱线,雪尼尔花线(绳绒线)。

"我认为,了解你自己在整个时尚行业中的地位并保持不变这一点很重要,但是还需要不断地添加一些元素来使你不断向前。"

——侯赛因·卡拉扬

织物结构

梭织面料

一块梭织面料是由沿着面料长度方向的经纱和横跨布幅宽度的纬纱共同织造而成的。经纱和纬纱通常也被称为"织物纹理"。经纱在织造前就已经被拉伸放置在织机上，这样，在面料的横向上就可以"给出"设定的宽度或弹性。通常在裁剪服装时，总是将服装主要的分割线平行于面料的经纱方向来裁制，这将有助于控制服装的结构。斜裁则是指与经纱和纬纱呈一定的角度，如45°角的裁剪。服装可以沿着斜丝缕的方向裁剪，通过这样的面料裁制可以给服装带来一种独具特色的悬垂外观和弹性。

梭织面料的组织结构

经纱和纬纱以不同方式交织在一起可以获得各种不同的面料。梭织结构有三种基本类型：平纹组织、斜纹组织和缎纹组织。

平纹组织是由浮沉均等的经纱和纬纱交织而成。在织造过程中，纬纱穿梭于一隔一、浮沉的经纱之间来织成面料，通常它的结构十分紧密。常见的平纹组织包括平布、平绒、雪纺绸，由平纹组织获得的变化组织包括方平组织、罗纹组织等。方平组织是纬纱有选择地从上面或从下面通过一组经纱。

斜纹组织是指纬纱在一根或者更多根的经纱下面穿过之前，要从至少两根经纱上面穿过，即一个组织循环的纱线至少为3根。斜纹组织的组织点是沿着面料的长度方向错开排列的，所以组织点在织物表面会形成对角线的效果。华达呢、卡其（斜纹布）、粗斜纹棉布、粗花呢和人字呢等属于斜纹组织。

缎纹组织具有光泽和光滑的手感，这是由于纱线被平置于面料表面、织物表面呈现经（纬）浮长线的缘故。

由这三种基本组织发展而来的各种变化组织还包括：

- 长毛绒面料：这是在织造过程中将纱线"打圈"形成的。长绒可以被剪切掉，也可以形成别具特色的灯芯绒效果；或者不剪掉长毛绒，形成像毛巾一样的外观。

- 双层织物：双层织物是指在同一时间内织造出两块相互连接在一起的面料。天鹅绒通常是作为一种双层织物来织造的。也就是说，在同时生产完全相同的面料之后，再将它们相互分离。双层织物的表组织和里组织可以具有不同特点，这种面料两面都可以当作服装的外层来用。

- 提花织物：这是一种通过提起或放下经纬纱而形成图案或肌理的、复杂的织物。提花织物包括锦缎和织锦缎结构。

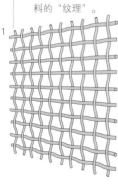

● 1 经纱与纬纱
该图表明了面料的经纱和纬纱以及面料的"纹理"。

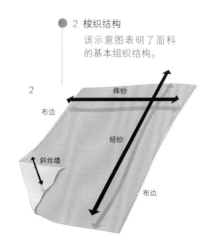

● 2 梭织结构
该示意图表明了面料的基本组织结构。

纬纱
布边
经纱
斜丝缕
布边

正面和背面

很多面料都有"正面"（或者"前面"）和"背面"（或者"反面"），可以成为正面的一面通常在剪裁时被用来当作服装朝外的一面。布边则是沿着面料长度方向或者经纱方向的边缘，这样使得面料的边缘不会脱散。

3

● 3 具有不同梭织结构的面料

从上边开始，从左至右：

全毛人字呢，涤纶缎纹织物，平纹组织棉布。

真丝缎纹织物，提花织物，真丝透明纱。

棉绒织物，全毛双面织物，粗斜纹布（牛仔布）。

全棉罗纹织物，全毛斜纹织物，真丝雪纺织物。

所有这些面料都被放在灯芯绒的面料背景之中。

针织面料

针织面料是由一根纱线织成线圈并且串套而成的。它可以沿着经向或纬向织造，这使得针织面料具有一定的拉伸性能。横向的组合被称为"线圈横列"，纵向的组合被称为"线圈纵行"。纬编是指沿着线圈横列的方向将一根纱线形成线圈并相互串套而成，如果漏掉一针，针织物就会沿着纵行的长度方向形成像梯子一样的浮线。经编则更像梭织，其结构更复杂而且更不易脱散。

最初，针织面料是完全由手工来完成的，但是，为了与大规模生产相适应而使用机器来织造针织物也已经有很多年了。纱线可以编织成平幅针织物，也可以织成圆筒状。织成长长的管状可以根据需要进行适当的设计——袜子就是机器织造的针织产品之一。如今，像日本岛精（Shima Seiki）和斯托尔（Stoll）之类的电子工业设备，可以生产2D和3D效果的针织物。它们有高度复杂的模型，可以

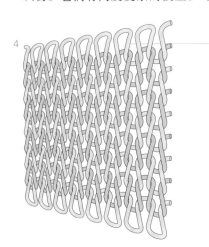

5

4 针织面料基本组织结构
针织面料基本组织结构的图例。

5 兄弟姊妹（Sibling）品牌
以时尚图案为特色的费尔岛两件套毛衫，来自兄弟姊妹（Sibling）品牌的系列6。

用来生产具有较少或没有接缝的服装。6

　　改变针的大小和纱线的粗细可以编织出不同厚度的针织物。每英寸所需的针数被称为"机号"（级数）。

　　手工针织可以获得不同克重的针织面料，并且显出其独特的"家庭自制"的特色，它尤其适合于编织粗重织物和绞花。你也可以通过增加针脚的宽度，故意留下梯子形的针脚线迹，来制作出真正有创意的手工编织效果。而且针织纹理也可以通过使用不同的针、纱线或线迹来进行创造。

　　在一小块针织布片中通过改变纱线的颜色可以创造出多种多样的图案。阿兰（Aran）、提花、费尔岛式毛衫和嵌花都是针织图案设计的很好例子。

针织服装的构成

　　针织服装可以通过三种不同的方式构成。第一种，可以先将面料织出一定的长度，然后将服装的衣片裁剪并缝制在一起。第二种，可以先织成一定的形状或充满时尚感的服装裁片样式，然后将其缝制在一起，形成一件服装。第三种，服装可以以三维立体的方式直接织造，这种服装有很少或者完全没有缝线。

6 马克·雅克布斯
（Marc Jacobs）
马克·雅克布斯极富装饰性的超大号针织连衣裙和外套。

7

针织工艺

　　单面针织物都有"正针"和"反针"之分，而且在单排针板上才能织造而成。双罗纹或者双面针织物是使用双排针板织成的，而且，针织物的正面和反面针迹看起来都是"正针"。

　　针织运动衫面料是更厚重一些的针织物，在反面形成起绒线圈。线圈可以保留或者拉绒，在反面形成起绒的外观。

　　罗纹和其他组织结构的针织物使用双排针板的织针，织造形成交替的正针与反针针迹。罗纹组织可以被用于袖克夫或腰带等服装中需要收紧的部位，它们的结构使它们具有很强的可拉伸性。罗纹也可以被用来织成整件服装。

7 机织针织面料

从上至下：双罗纹织物（展示出了针织物的正面与反面针法），运动针织衫反面线圈，罗纹（展示了交替分组的针织物和其反面结构），单面针织物（展示了针织物和其反面针法）。

8 大岛渚薰（Kaoru Oshima）

该设计为大岛渚薰在纽约帕森斯创新设计学院攻读时尚设计与社会学硕士时的部分作品，该作品参与了2012年7月在佛罗伦萨举行的佩蒂·斐拉提（Pitti Filati）意大利纱线展中的比赛"感觉纱线"。

8

非织造面料

非织造面料是通过加热、摩擦或者化学方法将纤维压制在一起形成的。这种面料的例子有毛毡、橡胶皮和特卫强（Tyvek®，高密度聚乙烯合成纸，俗称"撕不烂"）这样的高科技面料。特卫强是通过将纤维缠结在一起，形成像纸一样的面料。也可以给它表面涂上涂层，使其防裂、防水、可回收和机洗。非织造面料不一定都是化纤的，例如，皮革和毛皮也可以被看作天然的非织造面料。

非织造面料可以用于时尚感强的服装，但是也可以用来作为里子、绗缝以及鞋子和包的里料。由于它们的构造特点，非织造面料不会像梭织面料那样容易脱散。

现在的电脑技术，可以通过3D打印技术制成相对比较轻薄的材料来塑造一件物品或一件纺织品。3D打印机可以输出彩色的，兼具软、硬、弹性等多性能的材料。所以，这样的3D打印技术多用于帽子、鞋子等配饰的制作。设计师们也正在研究将该技术运用于整件服装的制作。

其他面料

一些面料从结构上来看，既不属于梭织、针织，也不属于非织造面料，如流苏花边、钩花和蕾丝。流苏花边是将纱线以装饰或编结的手法构成，给面料一种"手工制成"的外观。钩花线迹则是使用钩针从前一个链状线圈中拉拽一个或多个线圈形成的。钩花这种结构可以构成具有图案的面料。与针织不同，它完全是由线圈组成的，而且，只有当线头末端从最后的线圈中拉出来才能确保整个钩花完成。

蕾丝制作技术可以制成轻薄的、具有通透孔洞结构的面料。蕾丝中整个图案纹样的凹形孔洞和凸形图案一样重要。

9

9 丹尼特·法勒（Danit Peleg）
时尚专业学生丹尼特·法勒在家中利用3D打印机制作了她的全部毕业设计系列作品。打印整个系列共花了2000多个小时，每套服装大约需要400个小时。

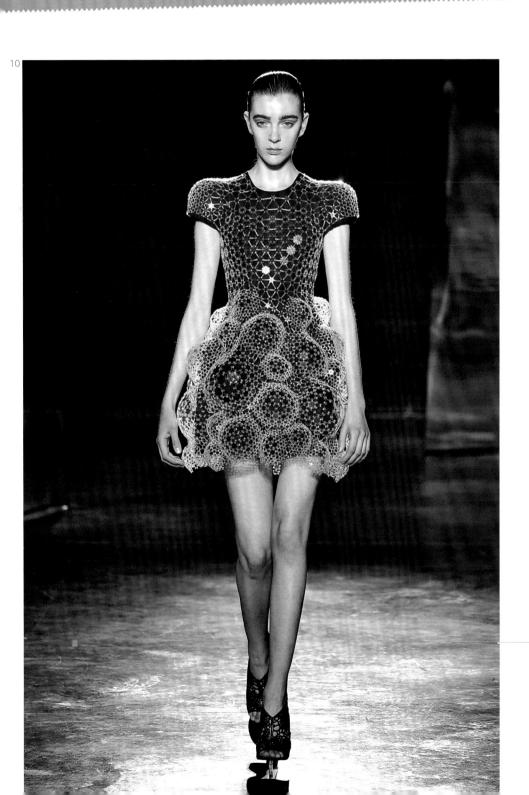

10

10 艾瑞斯·凡·赫本
（Iris Van Herpen）
在2016/2017秋冬系列
作品中，艾瑞斯·凡·赫
本使用了3D打印和激
光切割技术，创造了
这件具有未来感风貌
的服装。

面料表面处理

一旦面料已经织造出来，就需要通过添加或者改变等方法获得各种不同的表面处理效果。其常用工艺包括：印花、刺绣、染色和水洗后整理等。

印花

不同的图案、色彩和纹理都可以通过不同的方法印制到面料上，如丝网印花、模板印花、滚筒印花、单独印花、手绘或者数码印花。

丝网印花

丝网印花需要事先有一个设计稿，其他还需要油墨、橡皮滚子和一个"丝网"（在一个框架上固定的一块被拉伸平展的丝质材料）。印花的第一步是在蜡纸上画出设计稿，随后将其转移到丝网上，使油墨只能从设计稿的"正面"区域渗透过来。将丝网放置在面料上，用橡皮滚子将油墨均匀地拉过，图案就可以印在面料上了。印花图案必须通过受热才能固定住，从而确保不会被洗掉。多套色设计稿可以通过使用不同色彩的多个丝网板来印制完成。此类方法就是通过沿着面料的长度方向不断重复移动橡皮滚子，在丝网上来回拉过形成的图案。

通常意义上，丝网印花不使用丝绸制成的网，而是用坚固的尼龙或聚酯制成的网，该模板也可以来用涂抹感光乳剂。

模板印花

模板印花需要将设计图案刻制在硬质材料上，如木头、漆布（Lino）或者橡胶，然后将正形图案浮雕出来或者在其表面刻画出负形图案。这样的手工模板可以蘸着油墨，通过压力将图案印在面料上。

滚筒印花

滚筒印花方式是将滚筒沿着面料滚动（或是面料沿着滚筒缠绕），可以在面料上形成连续的图案。

单独印花

单独印花可以制成单个的、独立的印花。先将图案印到转印纸上，然后再将它从反面转移到面料上形成印花图案。手绘则是通过使用任意一种工具直接在面料上进行绘制，如画笔和海绵。手绘可以给人一种"纯手工"的感觉。对于在一定长度的面料上绘制图案来说，这将会是一个漫长的过程。

数码印花

数码印花可以通过喷墨打印机直接将图案从计算机印制到面料上。墨水是由颜料或染料制成的。根据墨水种类的不同，一些面料在印刷前必须先涂上一层固定剂，再将其送去打印，之后蒸一下（使墨水渗透于面料），最后，清洗去除涂层。这样才能使印刷完的面料具有良好的手感、色彩饱和度，也能实现图案中的各种细节。但是，由于在整个过程中，墨水停留在

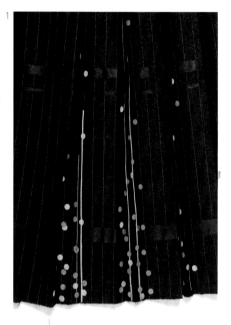

1 若隐若现的印花
这件是由杰妮·阿黛尔（Jenny Udale）利用丝网印花设计出来的作品，印花在裙子的褶裥内，当褶裥打开时，人们才能看到里面的印花。

面料表面很长时间，最终的面料手感不会特别好。然而，数码印花的优势在于设计的图案会以高清的形式迅速打印在面料上。

热转移印花

热转移印花采用的是染料升华的工艺。具体方法是将墨水用手或机器涂在纸张上，图像通过热压机反向传递到面料上。合成纤维面料或合成混纺面料印出来的效果最好。因为墨水能与这些面料更好地融合，印制出来的面料手感与色彩亮度都会比较好。当然在棉布上也可以印，就像在普通T恤上印花，图案会印在面料的表面上。

2

3

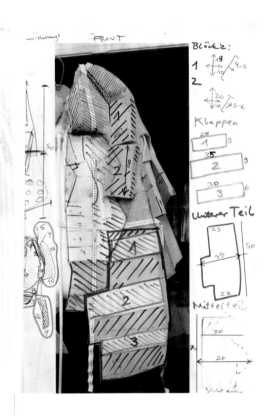

2-3 米迦勒·坎普
（Michael Kampe）

这件作品是由米迦勒·坎普设计的体现爆炸瞬间视角的作品。灵感来源于工程师关于爆炸的视角和草图，也造就了这件艺术作品的产生，图3展示的是呈炸裂状的派克大衣在打印印花之前，预先构想图案的位置与方向的草图。

染料和助剂

为了印上色彩，就要在染料中加入油质或水溶性的增稠剂，它可以防止印花时染料的渗化。油质的油墨、墨水不透明、更厚重，并停留于面料的表面。这类染料有一系列可供选择的色彩，包括珍珠色、金属色或者荧光色。用水溶性的油墨印花手感更好，因为经过印花和固色之后，在洗涤时面料上的增稠剂会被洗掉。

一块面料也可以用"拔染"的方式印花。首先，面料必须用可以拔染的染料染色。然后，在面料上印上能使底色漂白（或"拔染"）的色浆。如果浅色的图像被放置在一个深色背景下，这种拔染印花会很有效果。

除了染色以外，也可以通过印花方式在面料上实现纹理效果。一些化学助剂可以在面料表面产生一种"冲淡"或者被"吃掉"的有趣效果。Expandex是一个化学产品品牌，在印花和加热时，它可以在面料上产生出浮雕的效果。面料印花也可以用胶合

烂花（Devoré）

烂花是一种印花工艺，可以在人造纤维和天然纤维交织的面料上形成烂花图案。烂花浆料会腐蚀人造纤维或者天然纤维。

的方法将植绒纸热压。绒毛黏附着胶水，可以给人以"毡子"的外观效果。闪片和金属薄片也可以同样地被用来获得特殊效果。对经纱和纬纱分别为天然纤维和合成纤维混纺而成的面料，可以用烂花浆料来处理。受热时，烂花浆料将一种纤维的纱线腐蚀掉，在另外一种纤维的纱线上留下图案。

印花和设计

图案可以在一定长度的面料上重复印制，也可以应用于成品服装的特定位置。图案并不一定只能放在服装的正面或者背面。当印染图案被置于身体的周围时，会形成十分有趣味的设计而影响着其他的设计元素，如线迹的位置。通过这种方法，印花可以与服装结构融为一体。一些电脑软件也可以在设计师所制作的样板上进行绘图。电脑中的"工程师"将需要打印的图案事先定位在服装的特定区域，然后通过数码打印的方式将图案打印在准确的位置。这种打印方法也可以根据服装号型的不同来自动缩放图案。

装饰

另一种在面料表面添加有趣设计的方法是装饰，这将会给面料带来比印花更立体和更具装饰性的外观效果。装饰工艺包括刺绣、贴绣、剪切、珠绣和面料造型。

刺绣

刺绣作为面料表面的一种装饰手法可以改善面料的外观效果。当代刺绣是以传统刺绣的工艺技术为基础的。手工刺绣是其基础，一旦你了解了它们的基本规律，就可以进行大规模的刺绣布局和设计了。在基础针法上还有很大空间可以开发出新的针法。你可以通过使用不同的线，改变大小和空隙等方法设计出极富吸引力的肌理和图案，图案可以绣得很规整，也可以绣得很随意，还可以采用混合针法来形成新的针法。关键是要尽可能地发挥创造力和想象力。

机器刺绣可以在家用或者工业用的刺绣设备上进行。从可以控制到自由随意的效果，使用机器设备进行刺绣有很多颇具创意和灵活的方式，可以获得非常多样的外观效果和图案。对于手工刺绣来说，根据线和面料的选择不同，技法也会各有不同。

刺绣既可以被运用于未完成的服装裁片上，也可以被集中设定在特定区域内，也可作为整体设计的一部分。刺绣要以一种与服装功能相融合的方式来完成，而不是仅仅作为一种单纯的装饰手法。例如，扣眼可以通过有趣的针法来进行创意设计，而一件简单式样的服装可以通过刺绣的运用来改变服装的造型。

4

4 玛尼（Marni）

2016/2017秋冬系列展示
的通过混合印花的方式制
作的面料。

珠绣

珠子是在珠绣中必不可少的材料，每一个珠子都是通过缝线和面料固定在一起的。珠子可以是玻璃、塑料、木头、骨头、珐琅等一切可能的材质，它们的形状和大小也是各式各样的，包括粒状珠饰、管状珠饰、闪光亮片、水晶、宝石和珍珠等。珠绣给面料增添了更加炫目的肌理效果；在服装上使用玻璃珠子进行装饰时，可以给人以光亮、华丽的品质感。法式珠绣是用针和线从正面将珠子缝制在面料上。将面料放置于绣花绷子上可以确保面料被绷紧，这样不仅能使珠绣更容易，并且会让整个刺绣品完成得更专业。绷缝珠绣是一种用钩针和链状线迹从面料反面将珠子和亮片缝制在面料上的工艺。这种方法比法式珠绣能更有效地使用珠子。

贴绣

贴绣是指将一块面料缝制在另一块面料上作为装饰的工艺形式。对于作为图案的面料，如徽章，可以先进行珠绣和刺绣，然后通过车缝贴绣于服装上。

剪切

面料也可以通过手工剪切的方式来获得改观，剪切的边缘可以使用车缝线迹来防止其脱散。剪切的边缘也可以借助于激光手段来实现，尤其是精致的图案纹样。激光也可以通过加热的方式将人造面料的边缘封住或者熔融，来防止其脱散。通过不同深度的激光处理还可以形成一种"蚀刻"的效果。

5

5 绷缝钩线器
这是用于面料反面、固定正面珠子和钩针线迹的钩线器。

6

6 理查德·索格尔
（ Richard Sorger ）
采用珠绣的衣片细节
展示。

7

8

7-8 斯黛芬妮·纽文胡伊赛
（Stefanie Nieuwenhuyse）

在本系列中，设计师运用
自然的肌理和造型创造了
一件可持续设计的服装，
也被称为仿生设计。纽文
胡伊赛将细节的手工缝制
与现代技术，如激光切割
融合在一起，创造了一件
以奢华为诉求的服装，而
自然魅力一点也不削减。

染色

大多数面料是先使用合成染料或者天然染料对纱线进行染色处理的。天然染料是从植物、动物或者矿物质中提取出来的，例如，红色染料可以通过将红色甲虫的干骸或者茜草根压碎制成。大多数天然染料都需要使用固色剂，以防止色彩在穿着或者洗涤时褪色。然而，靛蓝是一种不需要任何固色剂的天然染色剂。

19世纪末期，伴随西欧工业革命的进程，面料生产行业以极为迅猛的速度扩大，英国在这一行业占据了绝对的优势，大量需要生产纺织材料染料的自然资源。有时候，天然染料从国外进口，不仅十分昂贵而且也很费时，因此，化学家开始将目光转移到如何生产可以"模拟"天然染料的人工合成染料上。就在这时，一种名为提尔紫（Tyrian）的紫色染料被用于皇室贵族的服饰染色。这种染料提取困难而且十分昂贵，因为它是从软体动物分泌的黏液中提取出来的。随后，一位名叫威廉姆·波科林（William Perkin）的年轻化学家发明了第一种人工合成的紫色染料，它被命名为苯胺紫或者淡紫色。他的发明不仅使他自己十分富有，而且也为其他人工合成染料的研究和开发铺平了道路。今天，人工合成染料的研发继续朝着提高固色性和表现力的方向发展。

印染技术可以用来印制图案，而这也是现今比较流行的方式。它有很多操作方法，其中就包括防染和扎染。后者是在染色之前将面料扎系成结，这样可以阻止染料进入面料的某些区域，再将面料解开并且晾干，没有被染上色彩的地方会形成图案。扎染拥有十分有趣的历史。在远古时期它就被人们使用着——日本人称为"史伯瑞"（Shibori）——但是，在西方，它是从20世纪60年代的手工艺术潮流复兴时开始流行开来的。

服装染色

面料染色通常是以匹染的方式进行的，但是，服装制成后再进行染色也是可行的。很重要的一点就是，首先要测定一下面料的缩水性。染色常常需要较高的温度，以此将色彩固着在面料上，但高温常会使纤维收缩。还有一点也很重要，服装上的缝纫线、拉链和花边都要能很好地与染料相互作用而不拒染。

9 浅紫色染料
由威廉姆·波科林所配置的原始浅紫色染料。

● 10 路易·威登
一件来自2017/2018
秋冬系列的扎染外套。

面料后整理

面料后整理可以运用于面料，也可以运用于缝制好的服装。后整理可以改变面料的外观效果，例如，服装通过砂洗可以获得黯淡、褪色的效果。后整理也可以给面料带来一种新增功能，例如，面料可以通过添加蜡质涂层而具有防水的功能。

美观处理

砂洗是20世纪80年代十分流行的后整理方式，经砂洗处理的面料及服装是那个时代里众多流行乐队的时尚选择。砂洗是借助于浮石（轻而多孔的石头）来实现的，它们可以褪去面料的色彩，但是比较难于控制，有时会破坏面料，因此，后来用机器来完成这一过程。使用酸性染料来实现相同的效果被称为雪洗或者大理石洗，但是这种过程并不十分环保。

酶洗或生物打磨对环境危害很小，而且可以实现各种各样的效果，这取决于在酶洗过程中酶的混合比例和数量。酶洗也可以用来软化面料。此外，还可以使用手枪气流将沙子或者玻璃残片射向服装需要褪色处理或者残破处理的特定区域，以达到需要的面料效果。激光也可以被用于服装上需要精确褪色处理的区域。

洗涤和加热可以给面料带来褶皱的效果。面料通过水洗可以产生随意的褶皱，无须熨烫就可以固定。在洗涤之前将面料折叠好并固定住，这样可以在某些特定部位形成褶子。褶子在面料上保存的时间取决于所采用的工艺、所选面料和洗涤的温度。例如，合成面料通过加热处理，可以改变纤维的结构，从而形成永久的褶子。

带香味的面料是通过使用香水洗涤面料形成的。这种面料可以用来制成内衣。目前还没有有效的办法可以永久保持服装上的香气，因此，香味最终还是会被完全洗掉。

表面涂层处理

正如名称所暗示的那样，面料的表面用涂层整理。通过涂上橡胶涂层、聚氯乙烯（PVC）、聚氨基甲酸酯（PU）或者蜡，可以使面料具有防水性能。这种面料对于户外服装或者鞋子来说是最理想的。带有特氟龙（Teflon）涂层的面料有一种看不见的保护膜，以阻止污迹和污物（适用于实用的、便于清洁的服装）。透气的防水面料可以通过运用一种隔膜形成，这种隔膜含有足够排汗的微孔，但微孔又小到足以防止水滴渗透。戈尔特克斯（Gore-Texr）是这种面料的最好例证，并且通常用于运动装。例如，当为透气防水的服装选择面料时，面料的性能是必须要考虑到的。棉的透气性很好，但是在雨中会变得潮湿。带有PU涂层的面料可以阻止雨水，但是会将汗液留在人体上。而像戈尔特克斯这种面料既可以满足人体呼吸的需要又可以防水。

11

● 11 水洗后处理

赛文·弗奥曼德（7 For Mankind）的牛仔衣放入洗衣机内进行水洗后处理。

12

● 12 玛丽·卡特兰佐
（Mary Katrantzou）
在这件裙子设计之
初，卡特兰佐会仔细
按比例缩放图案，因
为在制作打褶的时
候，尺寸会缩小。褶
裥是通过热压机制作
出来的。

面料和纱线交易展会

根据时尚界的活动日程安排，面料交易会每年举行两次（见本书第170~171页）。交易会将陈列出面料制造商和工厂提供的新近研发的面料和现有的样品。设计师通过参观这些展会，可以从各种新型面料中寻找设计灵感，并且为他们的设计选购面料。面料制造商将准备面料样品册和样品架，设计师从这些样品中选择他们所需的面料。通常，面料商会剪下制作样衣所需的面料长度送给设计师。设计师将用这些面料制作成一系列的样品服装，然后，服装零售商根据这些样衣确定订单。订单汇总在一起就可以知道所需要生产的面料数量。然后，设计师就可以按订购单采购所需的面料用来生产服装。如果面料供应商在某种面料上没有收到足够的订单，他

1 样品册子
由雷伯特品牌（Liberty & Co）设计的一系列面料样品册。

2 面料卡片
不同色彩、不同条纹宽度和不同品质重量的面料会被装订在一起，以便于设计师挑选和订购。

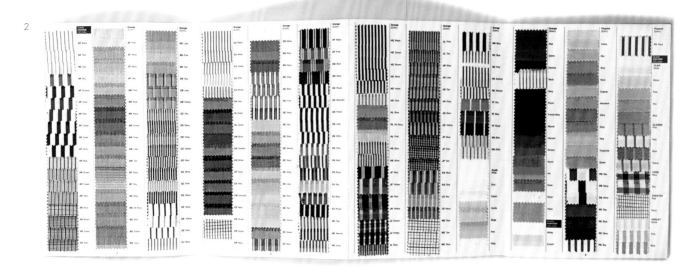

们可能就不会投产这种面料。

一般情况下，大型服装设计公司会在交易会上选择面料。而服装工厂团队则会在其基础上计算，从服装制作到最后投入销售，整个过程他们需要多少面料。

主要的针织纱线展会有佛罗伦萨的佩蒂·斐拉提意大利国际纱线展和巴黎的巴黎纱线展（Expofil）。主要的面料展会有米兰的意大利时装展（Moda in Milan）、法兰克福的国际成衣及时装材料展（Interstoff Frankfurt）、上海的世界服装面料展（Intertextile in Shanghai）和巴黎的法国世界服装面料展（Premier Vision in Paris）。但这样的世界服装面料展，也会放在纽约、圣保罗、上海、北京、莫斯科或日本举行。在巴黎的世界服装面料展上还将举行印花纺织品展，如靛蓝花布。在参观展会时一定要记住，面料供应商在展会上会向设计师出售用来制作样衣的面料。另外需要说明的是，对于学生来说，从交易会或展会上购买面料是很不现实的。因为许多面料供应商一般都是与已经建立起关系的设计公司打交道，这些公司会从他们那里大量订购服装面料，他们一般没有时间去处理学生们的个人需求。但也不是没有例外，对于那些愿意处理小订单的公司，如果你的设计或想法能使他们对你感兴趣，让他们卖给你面料也是有可能的。很重要的一点就是仔细查看价格，并找出是否其中还有隐含的成本，如运输费或增补费用。许多供应商还需要一个增值税的号码。

3-4 世界服装面料展
时尚公司都会去参加一年两次在巴黎举行的面料展会，在那里你可以了解到未来可能会流行的面料、材质、图案和色彩。

时装设计师：克里斯丁·福尔斯（Kristin Forss），玛尼（Marni）

1–3 玛尼品牌2016/2017秋冬系列

在意大利米兰男装周上，展示了具有解构主义的夹克和印花。

时尚档案

克里斯丁·福尔斯来自瑞典，并且在瑞典学习男装剪裁。在移居伦敦学习时装设计之前，即在伦敦时装学院（London College of Fashion）和密德萨斯大学（Middlesex University）学习时装设计之前，克里斯丁从2002年开始就在玛尼品牌工作了。现在，她已经是男装剪裁的元老级人物。玛尼男装也以其个性化的外形、巧妙的剪裁和细节以及优质的面料而著名。

在您做到目前的职位之前，您的人生职业道路是如何规划的？

我一开始学的是服装制作和纸样裁剪。但在我上男装裁剪课之前，我一直都不知道自己到底会走向怎么样的职业道路。但当我学习了男装裁剪课以后，我就知道，我未来的工作将会围绕男装展开。大学毕业后，我在一家名为Filippa-K（一个瑞典的品牌）的公司工作了三年。我的工作一开始都是与产品本身相关的，于是我决定强迫自己去接触更具创造性的工作。于是，我搬到了伦敦。在密德萨斯大学读大二的时候，我在玛尼品牌遇到了当时的首席设计师，他给我提供了为期两周的暑假实习机会——帮助他设计服装样板。在这个实习过后，我就获得了一份工作，这是一个棒到无法拒绝的机会呀！尽管我即将迎来我的大四生活，我也没有拒

绝。于是，在大四那一年，我只好一边工作一边学习。

您的团队有多大？他们各自的职位是什么？

我的职位是男装部主管。我和一位造型顾问合作比较紧密。我们一起做调研，在大型配件和最终造型方面，她都和我一起出谋划策。在这之后，由我直接向玛尼品牌的设计主管兼品牌所有者康秀罗·卡斯蒂盖什（Consuelo Castigation）进行汇报。

您一季有多少个系列？

我每年都会为主线男装做两个系列，为牛仔度假系列的男装和女装设计四个系列。

调研在您的设计实践中起到什么样的作用？您喜欢做调研吗？

当我毫无头绪的时候，调研就可作为我的参考。我喜欢做调研，当然这是为了我自己而不是为了别人。有些时候我希望坚持自己对某个概念的真实想法，但也不能去容忍一件丑的夹克。

是什么一直给予你灵感？

灵感的开始往往是一种感觉，或者是一幅有感觉的画。灵感是在整个调研收集过程中不断涌现出来的。在调研收集的过程中，你的想法就会被检验是否可行。大多数时候，事情都是不能如我所愿的。所以我认为，对自己的灵感别抱太大希望其实是一件好事。

在整个系列设计过程中，您在什么阶段才会开始考虑面料设计？

其实，我们一直都是从面料入手的，因为它是整个系列中最重要的部分之一。当然，色彩和印花也很重要。与此同时，我通过画插画的方式来检验自己的想法是否正确。我对色彩缺少天然的敏感度，但是我必须去锻炼和学习它。由于时间很紧，所以我只有很短的时间进行设计，我只能日夜兼程地工作。在白天，我必须多做一些实操类的工作。我通过绘制工艺结构图来设计，虽然这不是必要的，但我发现这是最好的办法。

您如何确定哪些设计能够被纳入最后系列当中，以及您何时停止该系列的设计呢？

当我为每件衣服都配备好了一到两个配件的时候——就是我真正开始思考其中运用的元素对整个系列是否和谐的时候了。在设计初期，我也会犯很多设计上的错误，比如每件衬衫都一定要有巧妙的细节。所以在纵观某个系列时，我会确保整体风格的平衡性，同时，再看看是否有哪些更好的想法可以被转化。当整个系列都准备就绪的时候，我就可以决定展示的内容。我们不会制作单独的商业系列。

在设计一个系列的过程中，从开始到结束，究竟哪个部分是您最喜欢的？为什么？

创作一个系列的每个环节我都喜欢，我喜欢制作。一旦这个创作完成了，它就失去生命力了。

时装设计师：米歇尔·曼茨（Michele Manz），卡伦特/艾略特（Current/Elliott）

时尚档案

卡伦特/艾略特品牌在2008年7月由首席创意总监塞尔日·阿兹里亚（Serge Azria）和造型师艾米丽·卡伦特（Emily Current）以及梅里特·艾略特（Merritt Elliott）共同推出。他们的系列服装融合了自身的创新，即他们立志打造出一款剪裁精美的古着服饰。其实这个想法，卡伦特和艾略特在他们设计之初就已经开始实施了，他们曾设计了一个牛仔系列，这个系列的原则是，您衣橱里的每一件衣服都应该蕴含丰富的故事和独特性，并值得珍藏。

卡伦特/艾略特品牌曾与玛尼品牌设计师、DVF、玛丽·卡特兰佐（Mary Katrantzou）都有合作，最近一次是和设计师夏洛特·甘斯布（Charlotte Gainsbourg）合作。

您的职业之路是如何一路走来的？
–毕业于皇家艺术学院
–1998~2004　阿尔伯特·菲尔蒂（Alberta Ferretti）首席设计师
–2004~2005　约翰·瓦维托斯（John Varvato）女装创意总监
–2005~2009　约翰·瓦维托斯匡威女装系列高级总监
–2010~2013　赛文·弗奥曼德创意总监
–2014~2015　幸运牌（Lucky Brand）男女牛仔装创意顾问
–2016至今　卡伦特/艾略特（Current/Elliott）男装和女装设计副总裁

您平日的工作是什么？

通常，从早上9点到下午6点，我会在不停地开会，然后我会回复邮件或做一些调研。通常情况下，我一般都会与设计总监沟通，以确定优先解决的紧急事项。然后我会与设计师们开会，从面料、图案到牛仔水洗和配件展开讨论。我也经常和纽约的销售团队开电话会议。另外，我有定期的日程会议，因为我们经常有三到四个季度以团队合作的形式工作，所以保持日程的一切正常是非常重要的。同时，我每月都会举行一次管理会议，内容包括审查预算、利润率、工厂沟通、改进流程等，以及与首席执行官一起讨论总体规划和未来品牌的项目。在销售会议期间，我会关注造型风格、品牌画册的拍摄并与市场营销和公关人员就主要的季节性方案展开头脑风暴。

您每年设计多少个系列作品？

我们有12个系列女装和11个系列男装，每个系列大约有50款投放市场。

您如何开始设计一个系列？人们常说的调研重要吗？我们从哪里开始入手呢？

我总是倾向于从面料创新开始一个系列。牛仔布是一种不断更新的面料，所以我经常受到新的面料和材质的启发。我喜欢使用创新性很高的面料，并采用水洗的复古风格。对于卡伦特/艾略特品牌来说，调研的重要性在于探究牛仔布的历史，同时这也给予了我很大的启发，尤其是复古工装。我喜欢20世纪60年代末和70年代初加利福尼亚的音乐盛景，尤其是托邦加峡谷（Topanga Canyon）。所以我发现摇滚和朋克与女性元素混合在一起会带给人很多灵感。另外不得不提的是，我发现伦敦东部、东京和柏林的人们的穿衣风格对我最具启发性，由此可见，在调研的整个过程中，街头文化时尚也能起到十分重要的作用。

● 1–3 卡伦特/艾略特

卡伦特/艾略特的2017
春夏系列作品。

1

您从哪里采购面料?

我们的牛仔布来自美国、意大利、土耳其和日本。我们为我们的牛仔质感到骄傲,并在洛杉矶生产所有的牛仔布。

您有多少工作是需要旅行的?

很多。我经常去纽约、巴塞罗那、阿姆斯特丹和巴黎的面料博览会,我也会去伦敦、东京、柏林、斯德哥尔摩、香港、波特兰、西雅图、奥斯汀和纳什维尔进行我的灵感之旅。我们的销售团队设立在纽约,所以我经常去那边参加会议。

您参与过品牌推广吗?

是的,我非常喜欢参与这个活动。卡伦特/艾略特品牌是一个以设计为导向的品牌。我参与推动服装的美学和合身性,这包括标签和包装的外观设计。我和市场营销部一起工作,负责品牌画册和一些营销工作,以及与首席执行官一起负责店面设计和未来的品牌项目。

您和怎样的团队合作?

我的团队有13人,包括3名男装设计师,2名牛仔设计师,4名女装设计师,2名技术设计师和2名水洗研发人员。我与我们的产品研发人员、纸样设计人员和生产团队紧密合作。其中公关和营销会议是很有趣的,因为在这个会议上,我们可以讲述品牌的故事,并想出突出该系列的新方法。

在您工作中,您认为最好和最糟糕的部分是什么?

我认为最棒的部分是我所有的灵感都是自身对古着艺术深深的爱,而且我也很喜欢卡伦特/艾略特品牌中带有"男孩子气"的审美观念。我个人很喜欢穿男装,所以我认为设计出模糊男装和女装界限的服装是很棒的。这是一种奢侈的休闲气质,并得到了很好的融合,我认为这是很有价值的。另外,重新诠释古着文化与现代化的融合更加有趣。而且正因为我有一个很棒的团队,在主题和想法上的合作都很顺利,我们基本上可以设计出我们想穿的服装。我也喜欢与其他品牌进行合作,这样总会带来新的角度和观点。

最糟糕的是没有时间吃午饭!

对那些想在时尚领域工作的人们,您可以给出一些建议吗?

一般来说,要学会研究将设计与你独特的想象力结合在一起。我喜欢看到一个设计专业的学生通过主题、灵感图片、立体裁剪和草图等各种形式表达他们自己的想法,呈现出他们创作的整个思维过程,这个创作过程其实是很重要的。

还有,一个好的工作其实都是通过别人推荐而得到的,所以在你的导师和同事面前留下好印象很重要。其他的,像为面试做准备并与合适的机构签约这些其实也是非常重要的。

2

3

面料练习

通过本章的阅读，你现在应该理解面料既可以来自天然也可以来自合成，而且它们是通过不同的生产工艺获得的。你会认识到，在进行面料的选择时，我们需根据"手感"（触感）、性能和外观，以及它们是否可以创造出自己想要的廓型或悬垂效果这几个方面来考量。

练习1

想要更全面地了解面料，有一种非常有效的方式就是需要你创建自己的"面料库"。但更重要的是，你是否能与其他设计师和制造商沟通出你想要的面料或纱线的类型。所以你应该既可以识别面料成分也可以识别织物结构——例如，你需要的是棉斜纹布还是羊毛麦尔登呢（领底绒）等，这需要你进行考量。

你现在要做的是对面料进行进一步的调研，以创建属于你自己的面料参考书。你可以去参观面料店，也可以去旧货店寻找不寻常的面料。按照下面的步骤，你应该能够创建自己的综合面料库。

收集天然纤维面料和纱线，包括：
■ 纤维素纤维，如棉和亚麻等
■ 蛋白质纤维，如羊毛、羊绒、安哥拉羊毛、马海毛和丝绸
■ 其他面料，如毛皮、皮革和金属制品。

收集合成纤维面料和纱线，它们是运用天然的原料，然后通过化学方式合成的面料和纱线：
■ 纤维素纤维，如人造丝、醋酸纤维和天丝
■ 非纤维素纤维或合成纤维，如锦纶、腈纶、涤纶、氨纶

收集经过加工处理获得的具有特定创意效果的纱线，例如：
■ 乔其纱
■ 仿羔皮呢
■ 竹节纱
■ 雪尼尔纱

收集具有不同结构的面料，包括：
编织类
■ 平纹组织：罗纹、方平组织、泡泡纱、印花棉布、帆布、条纹布、雪纺、色织布、平纹细布、蝉翼纱、巴里纱
■ 斜纹组织：牛仔布、卡其、人字斜纹、粗花呢、千鸟格

■ 缎纹组织：绉缎、棉缎、绸缎
■ 绒毛：灯芯绒、毛巾绒、平绒
■ 图案编织：锦缎、棉缎、提花布、凸纹织物
■ 双面面料：羊毛麦尔登呢、丝绒、天鹅绒
针织类
■ 结构：单面针织、双面针织或罗纹针织、手工编织
■ 针脚：线、移圈组织、集圈组织、嵌花、提花
其他结构
■ 流苏花边
■ 蕾丝
■ 钩针编织
■ 非织造布（塑料）

将面料剪切成面料小样，并创建一个排列有序的文件夹。请记住只需粘贴织物的顶部部分，而不要完全粘贴整块面料，这样可以方便你随时感受面料，并仔细观察它正面和背面的构造方式。

1

2
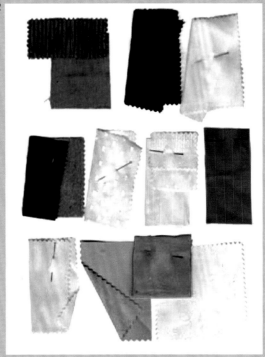

1 平纹织物

第一行：平纹，轧光处理的平纹，方平组织华夫格，罗纹。

第二行：棉纱，乔其纱，真丝欧根纱，雪纺布。

第三行：泡泡纱帆布，青年布❶，色织格布。

2 各种各样的编织结构和织物类型

第一行：宽条绒，细条绒，棉绒，丝绒。

第二行：双层羊毛织物，剪线棉斑织物，多臂提花织物，格子布。

第三行：绉纱，树脂涂层棉布，斜纹棉布，提花织物。

3
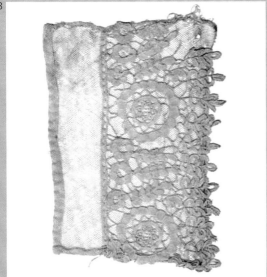

4

3 蕾丝
蕾丝样品。

4 由植物纤维和蛋白质纤维制成的织物

第一行：毛皮；皮革（梭织物）-羊毛，50%麻/50%棉，生丝，棉花。

第二行：（针织布）-羊毛，棉，丝，亚麻，印花丝绸。

❶ 梭织面料，经向和纬向一样粗细，色经白纬或色纬白经。——译者注

5

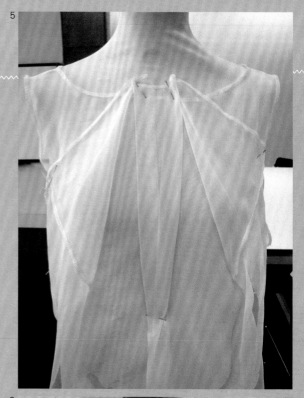

练习2

  运用一定长度的面料，在人台上做不同的尝试来创造出你想要做的服装的雏形，比如肩/袖的概念，或者衣服正面的概念。这个练习需要注意的是，不同的面料应以不同的方式来处理，你很快就可以根据面料的结构、所使用的纤维、处理方式以及它们在人台上所呈现的外观（例如，透明的、有悬垂感的、有结构的或有弹性的）来对面料进行分类。

■ 重要的是，不要试图运用面料去做它们根本做不到的事。比如厚实的麦尔登呢很难做褶裥；雪纺绸面料很难脱离人体去做出一定的结构。可以根据不同类型面料其自身的特性在人台上做一些尝试和实验（话虽如此，但我们得看情况，规则有时是会被打破的！）。随时把你在人台上所做的实验拍摄下来，以备将来参考之用。

练习3

  除了拍摄人台上的习作外，你还需要绘制你正在使用的面料。

  这一部分的练习是为了让你学会如何通过视觉的方式描述和传达不同织物的类型和肌理。很多时候，时装杂志上的插画看起来都像是用硬纸板做的。

■ 练习绘制以下不同类型的面料：透明的、多毛的、厚实的、绗缝的、皮革制的、有光泽的、光滑的、针织的等。

■ 用铅笔绘制，尝试改变画笔压力，同时学会表达不同的色调和深浅层次。

6

5-6 展示服装概念的人台

7

练习4

　　如何在简单的基础面料上创作出可以体现你自己风格的面料？借助以下的一些手法，你将会创造出属于你自己的、有趣的、原创的面料。你也可以尝试一些方法使一种便宜的面料看起来非常昂贵。

　　尝试以下几个过程来创造一些新的东西吧：

- 剪切
- 折叠
- 褶裥
- 植绒
- 刺绣
- 打褶
- 收缩
- 漂白
- 硬化

7 安妮·奥瓦连科（Annie Ovcharenko）
纺织品实验，包括在雪纺上钉珠、机缝、打褶等。

4 结构

    结构是时装设计的基础。正如本章中所示例的那样，它既事关工艺也事关设计。为了将二维的面料转化成三维立体的服装裁片，服装需要开缝和设计省道，究竟设计师选择在哪里和如何设置这些线条，是影响服装的比例关系和式样的关键。不同类型缝线的使用受到所选面料的限制，但是有时也会是设计引领在先。例如，折边缝（本书第126页）通常用在牛仔服装中，因为它给服装以工整的感觉；"解构"的缝线（缝线暴露在外）或毛边外露，如果恰到好处地运用，可以给人强烈的"半成品"感觉。

    重要的一点是，每一位时装设计师都应该了解和明白服装是如何制成的。例如，设计师必须知道口袋或者领子结构的多种可能性，或者缝线可以设置在哪里。只有当你了解这些规则以后，你才可以去打破它们来获得创新的设计。

    本章为你介绍了服装的基础结构，呈现给你在进行结构设计过程中所需要用到的不同类型的工具和设备及其所起的作用。本章也将关注不同的缝制工艺，还介绍了给服装带来一定的造型、体积、结构的打褶和抽褶工艺。

工具和设备

在谈及服装结构设计方法之前，我们必须要了解在结构设计过程中所涉及的工具和起到重要作用的机器设备。以下这些是重要工具中的一部分：

工具

1 曲线板
曲线板用来绘制直线、曲线和查看角度。

2 拓线轮
拓线轮用来将一个衣片纸样的线迹从一张纸直接拓印在下面的另一张纸上。

3 皮尺
作为一位设计师，没有皮尺你就无法开始工作。皮尺主要用来获得人体测量的数据。在曲线板无法量取或者太短时，皮尺也可用来量纸样上的弧线。

4 画粉
使用画粉是在面料上画线或者转移纸样到面料上时使用的工具之一。

5 大头针
在衣片被缝合之前，可以用大头针将衣片暂时固定在一起。

6 剪刀
用来裁开布料的大号剪刀，不能裁纸，因为这样会使刀刃变钝。

7 裁刀
这种圆刀用来裁制面料。有些人发现沿着纸样剪裁时，使用裁刀比使用剪刀更容易。

8 小剪刀或纱剪
这样的剪刀对于剪线或者打剪口来说是很有用的。

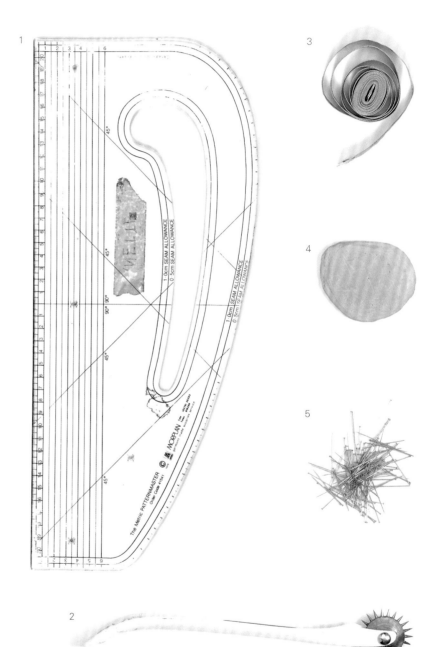

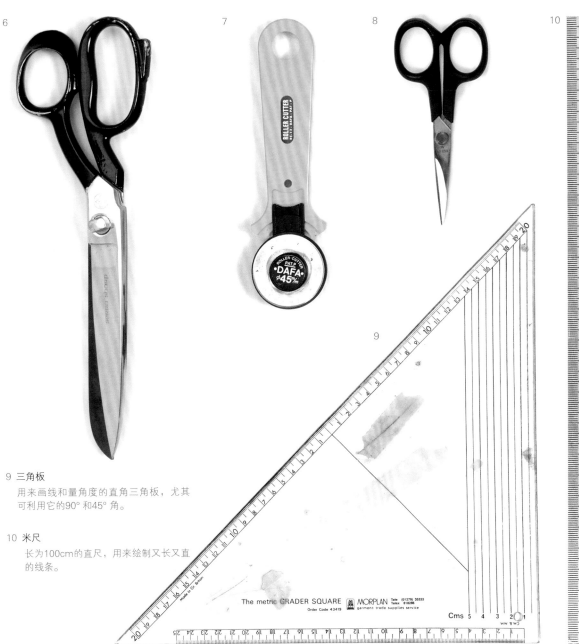

9 三角板

　　用来画线和量角度的直角三角板，尤其
　　可利用它的90°和45°角。

10 米尺

　　长为100cm的直尺，用来绘制又长又直
　　的线条。

设备

工业平缝机

这种设备可以获得基本的直线线迹，大多数类型的线迹都可以用它来缝制。从雪纺布到皮革，它可以缝任何材料，但是不同类型的面料通常需要适配不同的设备，而且要换不同粗细的针。例如，较薄的面料需要较细的针。

锁边机

锁边线迹是沿着面料的边缘形成的链状线迹，可以防止面料脱散。一把切刀沿着面料的边缘运转，可以切掉多余的面料和缝份。锁边线迹可以由三线、四线或五线构成，而且，不同类型的面料也需要变换不同的锁边线迹。

锁边线迹有以下三种功能：

（1）用于防止梭织面料脱散。

（2）在具有拉伸性的针织面料上缝制一条缝线，这样，锁边线迹可以与面料一起拉伸，防止织物被抻断，但锁边线迹不会留有相应的拉伸余量。

（3）密拷线迹是比较密集的包缝针迹，可以用于像雪纺那样轻薄的面料。

包缝机

包缝机主要用于针织面料和内衣的结构线和完成线。双针缝可以在面料的正面形成双线迹，在反面形成锁边线迹。这种包缝线迹变化后可以在面料正反面都形成锁边线迹。与锁边机不同，包缝机不会剪切掉多余的面料。

锁眼机

这种机器可以形成两种类型的扣眼：圆头扣眼和平头扣眼。平头扣眼是最常用的一种，大多数的机器锁眼都采用这种扣眼。圆头扣眼主要用于精制的服装，如外套和西装。

工业熨斗和吸风烫台

工业熨斗比家用熨斗更重、更耐用，而且蒸汽并具有更高的压力。通常情况下，熨斗和吸风烫台一起使用，吸风烫台看起来就像是一块熨烫板，而且通常还连有一块小一点的板子可以用来熨烫衣袖，下方有一个脚踏板，通过脚踏可以在熨烫过程中形成抽风；这样，空气和水蒸气可以穿过烫台上的面料被吸入机器中，以此来减少空气中的水蒸气，同时，也可以将面料吸附在烫台上，使它们更易于熨烫。

熨烫对服装来说是必不可少的环节。面料经过缝纫或锁边等设备时会形成褶或抽褶。不经过熨烫的缝线将不会很平服，而且，服装如果不

11　工业平缝机
12　锁边机
13　工业用烫台
14　覆衬机

11

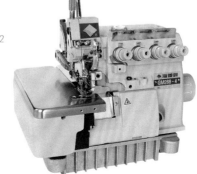

12

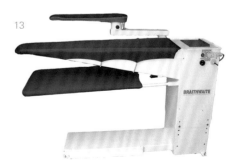

13

15

经过熨烫，就好像没有完成一样。熨烫最好是在服装的制作过程中逐步完成，而不是全部放在最后。

覆衬机

　　一件服装的局部有时会需要衬垫和支撑物，例如，一件衬衫的袖克夫和领子比起其他的各部分来说，更需要覆衬加以支撑。覆衬机是工业用设备，主要用于将黏合衬（融化）黏附于面料，它会比使用工业熨斗来黏合更有效和耐用。也可以用黏合衬将两种织物黏合在一起，制作成双面织物。

15 圆头扣眼
　　图中展示的是亚历山大·麦克奎恩2016/2017秋冬系列中一件男式外套上的圆头扣眼。

14

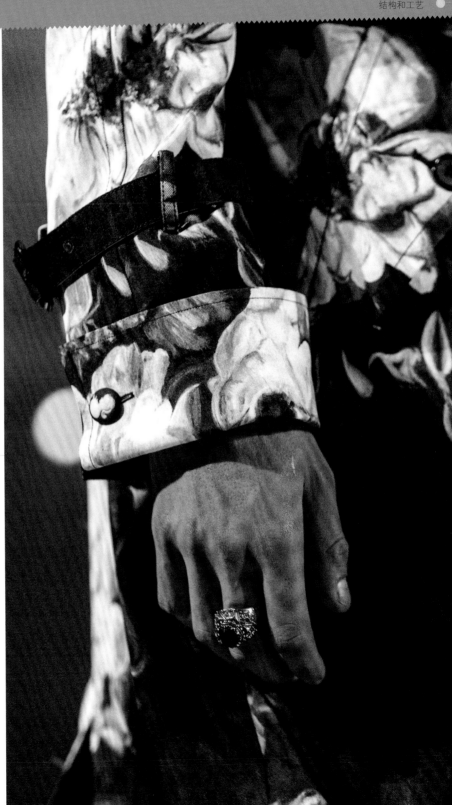

结构和工艺

缝线

当你开始学习结构时，了解各种缝线是你要学习的最基本的技巧之一。缝合线迹是两片或者多片面料被缝合在一起时形成的。缝份是在缝迹线外边、围绕衣片一周的边缘部分。这种多预留出来的部分是用来形成缝线的。缝线有各种类型，而且每一种都有其特定的用途和使用目的。

合缝

这是最普通的线迹：两片布通过使用平缝机缝合在一起就形成了合缝。两个衣片的缝份可以分开熨烫，也可以倒向一边进行熨烫（缝份：10mm+）。

法式缝

之所以这样称呼它是因为它起源于巴黎——高级女装（高级缝制）的故乡，这种类型的缝线一般用于轻薄的和透明的面料，可以创造出一种干净、整洁的缝合效果。它包括两行线迹：第一行先在面料正面缉缝，第二行在面料反面（里面）沿着第一行的线迹缝制（缝份：13mm+）。

折边缝

这种缝线通常被用于牛仔裤、牛仔外套和其他的斜纹布服装。面料的两片相互锁扣缝制在一起以形成结实的、更持久的缝线。由于这种缝线的构成形式，所以面料的一面会有两行线迹，而另一面只有一行线迹（缝份：一边7mm+，另一边17mm+）。

1 牛仔布上的结构线
一件李维斯（Levi's）的牛仔夹克使用了折边缝和明线。

1

2

3

4

5

6

7

8

2 带有锁边线迹的合缝。

3 法式缝和窄小折边。

4 阿扎丁·阿拉亚（Azzedine Alaia）上衣上的罗纹边。

5 巴索和布鲁克（Basso&Broke）的外套运用了贴边和里衬。

6 牛仔裤边的普通折边。

7 由理查德·索格尔（Richard Sorger）设计的一件裙装，领口部有斜裁的包边。

8 留有手缝线迹的西装衣片。

完成线缝

当一件服装的缝线位置确定下来以后，就要考虑如何来"完成"这件服装。确切地说，就是使服装的毛边、领围线、下摆线和袖克夫整齐并且缝制完成，同时还要考虑在服装的表面是否应该使用明线。一件服装的工艺形式会影响到服装的整体效果，而选择适合的工艺也是十分重要的设计要素。

明线缝

任何在服装表面能够看到的线迹都可以被看作是明线缝。它也许能起装饰作用，但是它的主要功能是给缝份增强受力。

普通下摆折边

普通下摆折边是为了完成一件服装而将下摆面料的缝份预留出来的、足够向上翻卷一次或者两次的余量（例如，做好的下摆折边是1cm，下摆如果翻卷两次，就需要预留出2cm的缝头）。裤子、裙子、连衣裙和大衣底部的下摆折边要更多一些（至少要预留出3cm的折边宽度）。

窄小折边

窄小折边是非常窄的向上翻折的下摆，主要用于轻薄的面料，如雪纺或者丝绸。这些折边既可以使用机器缝制也可以手工缝制。

贴边

贴边用于处理边缘，如领围线或者前、后的开口处。它的外观效果会比将面料直接翻卷看上去要好得多，而且，它是在内侧缝合，表面上没有明线。贴边通常是从与面料相同的布料上裁制出来的。

手缝

手缝有各种各样的技法和针法。高级定制和高级女装在服装的制作中都运用了大量的手缝线迹。每种类型的手缝线迹都有特殊的用途，无论是被用于下摆，还是在一件夹克的前片贴缝衬布。

滚边

滚边是一条可以用来将毛边处理整洁的梭织或者针织的斜丝缕布。它不仅可以被用于领围线、袖克夫和下摆，而且，在锁边显得不够尽如人意的情形下，还可以作为服装内部缝份毛边处理的一种方法。这种缝份的处理方式被认为是一种使服装更精致的方法，但是太费时间，因此也更昂贵。

罗纹

罗纹是一条针织带子，可以用来收紧纬平针织物服装的领子、袖克夫和下摆，如T恤和运动衫。罗纹也可以用于飞行员夹克，它的收紧处理可以使穿着者免受天气的影响。

衬里

衬里的主要作用是用来消除暴露的缝份对穿着者带来的不适感觉。很多外套都需要加衬里。这样就可以从外观上将内部结构，如内衬、手缝线迹、衬布等"隐藏"起来。如果使用衬里，就不需要锁边了。

9 滚边
这条1968年由奥斯卡·德拉伦塔（Oscar de la Renta）设计的棉质薄纱连衣裙的边缘就运用了黑色斜裁滚边工艺。

11 毛边

指服装边缘是未经加工处理的。图中所示的是由约翰·加里亚诺为马丁·马吉拉（Martin Margiela）高级定制所设计的2016春夏系列作品。

10 做旧处理

图中所示的是由拉夫·西蒙（Raf Simon）设计的2016/2017秋冬系列的做旧男式针织衫。

12 定制服装的内部结构

半成品的西装，显示出垫肩和手缝线迹，以及在制作过程中用来标明定制服装上重要线迹的假缝线迹。口袋用粗缝线迹缝合，以防止它们松垂下来。

毛边和解构

20世纪70年代，日本设计师山本耀司（Yohji Yamamoto）和"像男孩一样"（Comme Des Gargon）这一品牌的设计师川久保玲第一次在T台上展示"解构"服装。他们的服装没有将服装的毛边隐藏在里面，而是暴露在服装的表面。通过这种方式传达服装是如何构成的这一理念。毛边、未完成的下摆和边缘也被频繁使用。这样做不是从实用的角度出发，而是出于服装美学的考虑。

做旧处理

面料的人为老化被称为做旧处理。很长时间以来，这种服装的后整理方法主要用于影视剧服装中。但是，近年来所谓的"陈旧"服装变得很时尚。将一件服装进行做旧处理可以使它看起来很复古。也可以通过这种方式改善面料的挺括性，如牛仔服。通常在服装制作完成以后再进行做旧处理。这样就可以控制做旧的面积，使看起来更真实。例如，在膝盖或者袖肘部进行做旧处理。用来进行做旧处理的技法之一是用石头机洗。

最简单的做旧方法就是去穿着它（而且不要太小心），或者多次洗涤或蒸煮。可以通过在面料表面使用砂纸或者电线刷摩擦的方式进行处理，以模拟穿旧的感觉。为了让服装显得破旧，设计师侯赛因·卡拉扬将他的毕业设计作品埋在花园里，并且还用铁块压上。

13

定制

　　高级定制服装相当于是男性的"高级时装"。服装的尺寸要以目标客户的个人体型为依据，而不是按照标准号型大规模生产的。

　　总体而言，定制是一个术语，指一种需要更多的手工工艺来制作服装的方法。一套好的西装更多地需要以手工缝制的方式来完成，而不仅是通过机器来加工。面料主要使用手缝线迹、附加衬布和衬垫来制作和定型，以此来构建服装的结构和形状，通过"定型"可以使面料更适合人体体型。

省道

　　裁制纸样的基本概念之一是如何将平面的（纸、面料）材质转换成为三维的立体形态。

　　省道可以创造出合体的效果，一般为三角形或者钻石形，并且一端逐渐变尖，通过折叠纸样或者面料可以将二维的形状转换成为三维的造型。假想有一个圆，裁掉一个三角形然后将剪口合并，二维的圆形就会变成三维的圆锥体。通过从里面折叠面料，省道将会把面料按照人体的形状塑造成立体造型。通常，省道的尖端指向胸部，也可以是从腰部指向臀部或者下半身。

　　省道（和缝线）的位置在服装上的分布是非常重要的。它们不仅能够使服装更适体，而且可以为服装添加独特风格和设计上的变化。

● 13 "像男孩一样" 品牌2016/2017
秋冬系列
这款具有雕塑感的服装就是利用省道创造出了服装各部位的造型与体量感。

创造量感

14

在服装专业中，量感是指大量的面料使用。严格来讲，在一件服装中创造量感意味着它不再贴合人体的体型，而是在一定程度上改变服装的廓型。

使用开缝和省道来创造量感

开缝和省道通常被用来塑造合体的效果，但是它们也可以被用来创造量感。究竟如何理解开缝和省道创造量感呢？最简单的方法是假想一下地图册上描绘的世界地图，地图册是被绘制成平面效果的，就像是被切割开的橘子皮。如果把每一个曲线连接在一起，就构成了一个三维的地球。世界地图上各部分之间的三角形的空隙所起的作用有点像省道。我们沿着省道线将省道剪下并且将它们分离开来，就可以形成开缝（而不是省道），这些开缝最终是要被缝合在一起的（这就是连省成缝的变化）。通过这种方式，开缝和省道就可以创造出量感，这种方式为创造立体形态提供了无限的可能性。

14 创造量感
这款裙装来自巴尔曼（Balmain），利用曲线缝制的方式来突显臀部。

15

褶裥和细碎褶

　　它是指对面料进行各种各样的抽褶或者打褶处理。箱形褶，一般用在衬衫后片，是将两个褶子相对而折的。剪刀褶是朝一个方向打褶。发散状的褶和三宅一生的褶子式样则更像是永久定型的褶。

　　细碎褶是以规则或者不规则的方式将面料抽紧在一起的工艺形式。如果要形成自然的感觉，抽出的碎褶应更不规则。

　　当抽褶或者褶裥被设置于开缝处或者被缝合起来时，只在缝合点之上将面料熨平，余下的部位自由散开，通过这种方法就可以创造出量感。另一种相似的工艺手法是蜂窝形褶饰。其方法是将面料打褶，然后在规则的部位缝制，以形成蜂窝状的效果。

切展

　　切展意为"逐渐加宽"。一个裙子的裁片可以通过切展来扩展开来，直至将它铺平放置时形成一个整圆。切展服装的裁片可以给它的上部或者下部带来额外的量感。

15 创造量感

路易·威登2016/2017秋冬系列作品，利用缝合线和省道形成具有沙漏形状的夸张造型。

16

支撑物与服装结构

营造出量感以后，可以让其自然悬垂，也可以借助于支撑物和服装结构本身来撑起完整的形状。例如，如果一条裙子被切展成为一个圆形，在没有任何支撑物的情况下，它将会悬垂下来，只有当人体运动时才可以展示出它的宽大下摆。从下面支撑起裙子可以使裙子外展并显示出更多的体量感。为了达到这种效果，可以使用多种多样的技法和材料，它们通常都隐藏在服装内部，用来增加人体体积并起到支撑服装的作用。

网衬

网衬是在服装内部使用的一种轻且硬的材料，用它可以支撑起服装面料，从而使服装体积变大，尤其为有碎褶或有褶饰边的服装提供了最好的支撑。传统上，网衬主要用来做芭蕾舞的短裙和衬裙，也可以支撑典型的钟形裙。没有网衬的话，裙子就会垂下来，并且体积会缩小。当然，网衬还可用于袖山，从而支撑袖山的褶或裥，或者用于如"羊腿袖"这种褶裥比较极端的袖子中，以形成廓型。

16 "像男孩一样"品牌
1997春夏系列作品
"服装与人体邂逅"。
为了制作出这个夸张
的廓型，在原本服装
上衣的面料下垫入了
柔软的羽绒。

17

18

衬垫

衬垫可以用于强调人体的某一部分，以产生体量感。迪奥在第二次世界大战后（1947年）推出的"新风貌"就在臀部采用了特殊的衬垫，用来强调一种强烈的女性轮廓（详见第42页）。"新风貌"一经推出就引起轰动——因为战后的欧洲并不喜欢使用过量的面料——但是，"新风貌"仍对20世纪50年代的服装产生了巨大的影响。近年来，"像男孩一样"品牌还通过在服装上不对称地添加衬垫，并且将面料拉伸或悬垂来挑战常规的廓型（详见第48页）。

17–18 "原子弹"（Atomic Bomb）礼服
维克多和拉尔夫在1998/1999秋冬系列中设计的"原子弹"礼服。这套服装是在像"枕头"一样的衬垫上进行结构设计的。如果没有衬垫，服装就会松松地垂下来，但是看起来仍然像是一套礼服。

插肩袖

插肩袖是指袖山弧线被从袖底至领围线的连线所代替的一种袖子。插肩袖使肩部更加圆润，通常用于运动服。

19

● 19 **绗缝**

这款摩托车皮夹克来自
博柏利·珀松（Burberry
Prorsum），袖子上部有
绗缝工艺。

垫肩

　　垫肩可以给服装带来更为清晰的轮廓和形态，并且在肩部和锁骨处可以形成更为圆润的外观。市场上可以买到的成品垫肩，通常是由塑料泡沫制成的，但是更好的垫肩是通过在呢子或者非黏合衬之间填充絮料制成的。如果肩线与正常的肩线不一样，最好从服装的实际纸样上来获取一个特定形状的垫肩，以达到合体和完美的造型。

　　尽管较少用于定制服装中，在插肩袖中使用垫肩也是有可能的。适用于装袖的垫肩并不能适用于插肩袖，因为它们从本质上是非常不同的。

　　在20世纪80年代末和90年代，垫肩变得非常极端（随之而来的是"权力着装"一词的回归），然后又缩小到了一个适中的尺寸，从而使面料可以简单平顺地覆盖在肩头，从肩部悬垂下来。

绗缝

　　绗缝是指将一种较厚的、纤维状的填絮料加到两层面料中间粗缝起来的技艺。其传统的线迹是斜向的，形成菱形图案，但也可以加一些装饰效果。绗缝的面料比较厚，通常可以用来固定服装结构。因此这种经过绗缝处理的面料常常用做服装的衬里。绗缝也可以起到一种保护的作用，例如，摩托车手的夹克。

　　绗缝的另一种作用是创造结构，麦当娜（Madonna）在她1990年的名为"金发女郎的野心"（Blonde Ambition）的巡回演出中所穿的让-保罗·戈尔捷的圆锥形的文胸，是绗缝的一个很好的例子，文胸上部参考了20世纪50年代的圆锥文胸，穿上文胸，就塑造了一种完全人为的、理想的乳房形状。

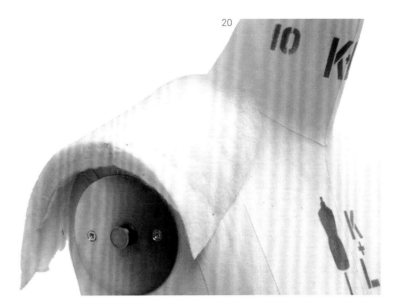

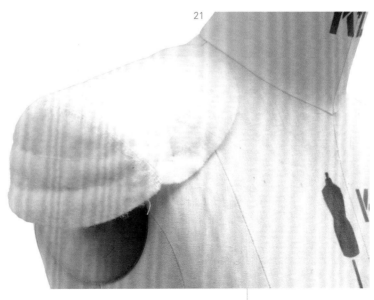

20–21 垫肩

标准垫肩的图例（上图）和插肩袖垫肩的图例（下图）。

骨架衣撑

之所以称为骨架衣撑，是因为它在过去是由鲸鱼骨来制作的。同时，它也反映出衣撑的内部结构就像骨架的形状一样。时至今日，有两种类型的骨架衣撑：一种是用金属制成的，另一种也是更为普遍的一种，是由聚酯金属细杆制成，被称为瑞基勒尼（Rigilene®）。

骨架衣撑被用来给服装以支撑，通常是从腰部向上并且遮住胸部。它也能束紧腰部来作为紧身胸衣。无吊带晚装可以使穿着者显得风情万种，她们之所以能始终挺直着身体，主要是因为在其服装内部是依靠紧身胸衣来支撑的。维维安·韦斯特伍德的标志性紧身胸衣，可以立刻让穿着者显现出明显的乳沟。

在历史上，紧身胸衣中的骨架是从腰部开始向上吊起，形成"鸟笼"的造型。在15~16世纪曾经演绎出多个不同造型的裙撑样式，极端夸张地突出胯部。随后，在19世纪中期克里诺林裙撑被广为穿用，此裙撑长及地面而且具有钟形廓型。而"巴黎臀"（Cul de Paris），或者称为"臀垫"，在19世纪后期盛行一时，它比克里诺林裙撑要小很多，但是会在裙摆处有所夸张。更近些年，维维安·韦斯特伍德设计了"迷你科瑞尼"（Mini-Crini），成功地将19世纪中期长度及地的克里诺林裙撑和20世纪60年代的迷你裙结合在了一起。

在过去，骨架衣撑主要被用来给服装增加一定的体量感，而今，它更多地被用来塑造体型，但是所用的工艺手段和材料都更加结实耐用，而且在它的使用方法上似乎还在不断地更新。

22

22 紧身胸衣

维维安·韦斯特伍德1991/1992秋冬的紧身胸衣和迷你裙。

衬布

衬布主要起到支撑和加固面料的作用。衬布共有两种类型：黏合衬（需熨烫）和非黏合衬（需缝制）。

衬布通常用在袖克夫、领子、门襟和腰头上。不同重量的衬布适用于不同质地的面料。有的衬布可以专门用于针织布（可以保持其拉伸性，而这一点通常是普通的衬布所做不到的）和皮革（要求具有较低的熔点）。

其实，当面料本身的质地不足以起到应有的支撑作用时，都应该考虑使用衬布。邦德韦伯❶是一种可以将两种面料黏合在一起的表面黏合剂。

马尾衬

像衬布一样，马尾衬主要用来加固面料。它比通常衬布更厚重一些，而且是通过手缝固定在服装上的。马尾衬多用于定制缝制工艺，给夹克或者大衣的前片一种挺括的感觉，对于需要突显体形的服装，可以考虑使用马尾衬。

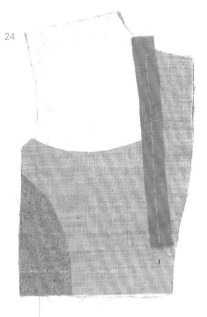

23

24

23 衬布

衬衣领子被拆解开来，显现出领座部分的领衬。

24 马尾衬

这是一件定制西装内部的部分马尾衬和衬布。

25 胸衣

维维安·韦斯特伍德紧身胸衣的内部展示，其在前片内加入了鱼骨。

26 塑料骨架

极细的聚酯金属杆交织在一起被称为瑞基勒尼（Rigilene），被用于制作骨架。

25

26

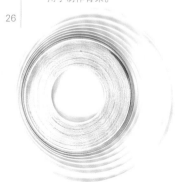

❶ 邦德韦伯（Bondaweb），胶黏剂，一种双面胶。——译者注

在人台上进行立体裁剪

从二维平面的角度来看，一些服装显得过于复杂或者太富创新。这些设计就需要以三维立体的方式先呈现出来，通常是通过将面料覆盖在人台上进行立体裁剪获得。一些设计师很喜欢以这种方式来工作。在人台上进行立体裁剪，可以使设计师不断地推进造型的变化。设计的可能性是没有穷尽的，唯有受到想象力的限制。了解面料及其特性，对于成功诠释一个设计理念而言是至关重要的——反之亦然。一些面料会比其他面料具有更好的悬垂性，面料的重量也会直接影响到它悬垂的方式。

当在人台上进行立体裁剪时，最初的、有趣的量感形态呈现出来以后，你就必须要考虑面料和人体究竟是怎样相互关联的，它会不会美化人体？当人们穿上它运动起来时会不会很舒服？比例关系在人体上如何体现出来？通过这种方式来工作会很有收获，但是也应该多加训练。在人台上虽然可以很容易地进行造型——但是关键问题是它们能否转换成为有意义的、时尚的服装。

1

● 1 立体裁剪
立体裁剪的
具体示例。

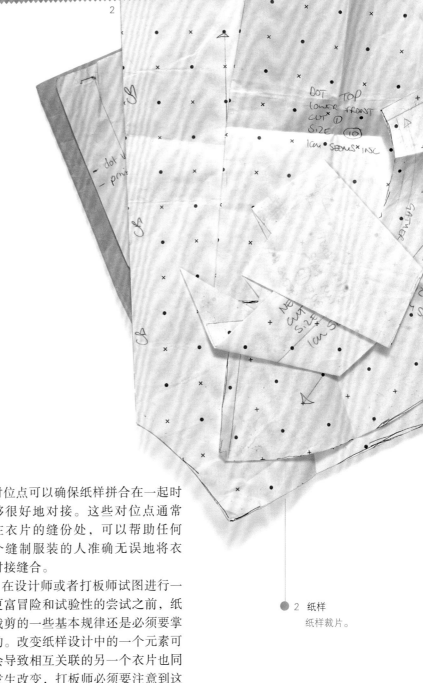

原型板

所有的服装纸样都是从原型板开始的。原型板是服装的基本形——例如，合体的上身衣片或者合体的裙片，设计师可以在此基础上进一步修改使其成为更理想的设计。一个设计师/打板师都会使用或绘制出他们自己熟知和赖以工作的原型板。纸样裁剪的书籍中以各种方式提供了如何利用一系列与标准（人体）相关的测量尺寸绘制特定原型板的方法。为了进一步拓展设计，也可以在人台上通过立体裁剪的方式来直接获得纸样。

纸样裁剪

在用面料缝制成成衣之前，需要先绘制出服装的纸样，并将其从纸上剪下，通过这些纸样来裁剪服装，所以，纸样裁剪是制作服装过程的重要环节。

纸样裁剪的基本原理是如何将平面的材料（如纸、面料）转化成为三维的服装。

完美的裁剪必须非常精确，这样，裁片就可以进行准确的对位缝合，否则，整件服装看起来制作粗糙而且也不合身。一个不够精确的纸样在衣片缝合的过程中也会产生问题。每一片纸样上都有"剪口"或者对位点，这些对位点可以确保纸样拼合在一起时能够很好地对接。这些对位点通常剪在衣片的缝份处，可以帮助任何一个缝制服装的人准确无误地将衣片对接缝合。

在设计师或者打板师试图进行一些更富冒险和试验性的尝试之前，纸样裁剪的一些基本规律还是必须要掌握的。改变纸样设计中的一个元素可能会导致相互关联的另一个衣片也同时发生改变，打板师必须要注意到这一点。例如，改变一件服装的袖窿意味着袖子也应该相应地进行改变。

2 纸样
纸样裁片。

省道转移

省道是围绕人体所制造出来的各种不同的线条（但是，对于胸部周围的省道，其尖部必须始终指向"胸高点"，因为这是合体裁剪和服装造型的需要）。省道也可以连省成缝，为了达到合身的目的，缝线将会形成一定的形状和曲线。省道（缝线）在服装上的位置设置是非常重要的。它不仅可以达到合体的目的，而且可以为服装增添更多的款式设计。

剪切与展开

这是指在纸样上以事先定好的点为圆心或者沿着一条完成线剪切，然后打开并且增加放量。裙片上的喇叭形通常是通过这种方法得到的。

剪切与展开的运用可以将一条直筒裙转换成为一条喇叭裙。参见本页面和对面页面上的纸样剪切与展开。

坯布样衣

从二维的平面图稿转化成为三维的立体样衣后，服装看起来会有很大的不同，比例、细节和合体性都会有所改变。而且，在最终的服装或套系被制作出来之前，用白坯布制作服装就是进行修改的最好机会。

"坯布样衣"是法语的"服装"一词。更确切地说，这一名词意为对成品服装的模拟。它可以用比较便宜的面料制成——通常是一种非漂白的纯棉面料，在法语里被称为"棉布样衣"（Toile de Cotton）——用来检验服装的合体性和完成程度。制作坯布样衣的目的是模拟最终的服装，因此，选择相近的面料是很有必要的。例如，如果一件服装最终将使用可拉伸的面料，那么样衣也应该首选针织面料。对于样衣来说，选用相近重量的面料也是至关重要的，因为，如果总是选择某一种重量的样衣面料，就不可能很好地体现出其他设计来。

通过样衣制作试图解决所有与结构有关的问题，这样可以使在用正式面料来制作服装的过程中减少犯错。一件好的坯布样衣可以帮助样衣工很精确地完成服装的制作，达到所期望的效果。

样衣号型

用选择的正式面料制作服装的第一个版本被称为"样衣"。这种服装通常被模特穿着于T台之上或者展示给媒体。一般情况下，样衣采用美国标准号型4~8号（英国6~10号）来制作，以适合模特体型。

CAD 纸样剪裁

CAD（计算机辅助设计）正越来越多地应用于服装裁剪领域。

纸样可以通过电脑直接绘制出来，或者对现有的纸样进行调整和修改。还可以将现有的纸样进行拍摄，然后将它们数字化，以便进一步修改。推板是指将某一个号型的纸样转换为其他（多个）号型的过程，但是要做到与最初板型的比例保持一致。

三维人体扫描

三维人体扫描是指用低功率红外线在全身扫描成千上万个点，将人体的测量数据数字化。扫描可以收集身体的重要数据，如胸围、肩宽、腰围、臀围到左脚踝、大腿围和腿内侧的尺寸。

这种人体测量技术于2001年首次推出，但直到现在，这项技术才变得更加"便利于客户"。全新的人体扫描仪更加小巧、便宜，使用速度更快。三维人体扫描在时尚界有着重大的应用意义，一旦收集了个人的测量数据，这些数据就可以用来定制服装，以及更好地评估现有服装的合身度和号型。一个人身体测量的详细记录也将有利于网上的零售业，像以前购买服装之前是不能试穿服装的，但通过三维人体扫描，在购买之前就可以看到服装是否合身了。

3

3 坯布样衣
用坯布制作的样衣。

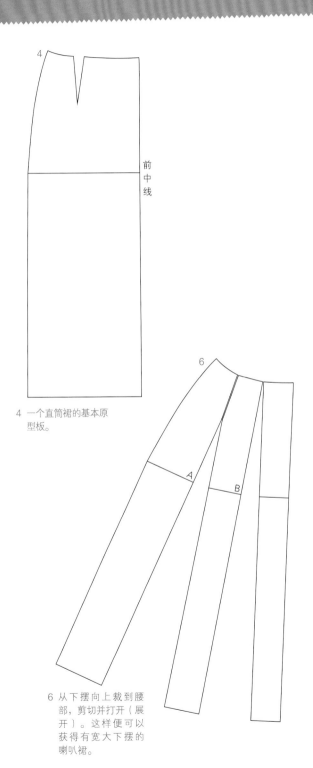

4 一个直筒裙的基本原型板。

6 从下摆向上裁到腰部，剪切并打开（展开）。这样便可以获得有宽大下摆的喇叭裙。

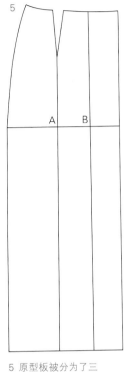

"你真的需要了解服装结构，并热爱它，你会从中收获良多。"

——德尔纳·格瓦萨利（Demna Gvasalia）于维特萌茨和巴伦夏加

5 原型板被分为了三个部分。

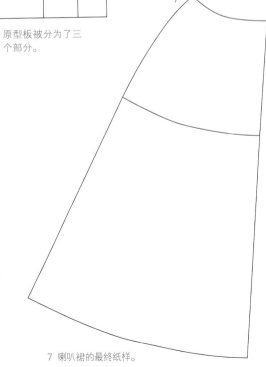

7 喇叭裙的最终纸样。

时装设计师：马尔特恩·安德烈逊（Mårten Andreasson），& Other Stories

时尚档案

20世纪90年代，马尔特恩·安德烈逊从瑞典搬到英国伦敦进行时装设计学习。毕业后，他曾作为制板师和缝纫师为不同的设计师品牌工作，他也曾在维维安·韦斯特伍德高级时装部工作过。在英国时，他还在米德尔塞克斯大学（Middlesex University）讲授时装设计，并在拉文斯伯恩大学（Ravensbourne UNiveristy）教授裁剪课，在英国呆了17年后，回到瑞典。他现在在斯德哥尔摩，是&Other Storie品牌的制板师。

您目前的工作职责是什么？

我现在在瑞典斯德哥尔摩，是&Other Storie品牌的制板师。

我使用Lectra Modaris计算机程序，在电脑上进行平面纸样剪裁和在人台上运用3D立体裁剪，获得具有创造力的服装廓型和创意。

&Other Storie是一个怎样的品牌？

&Other Stories是一个时尚品牌，为女性提供各种各样的鞋子、包包、配饰、美容产品和成衣，以创造出属于她们自己的风格或故事。我们在巴黎、斯德哥尔摩和洛杉矶的创意工作室设计了多元化的时装系列，注重细节和质量，并且价格适中。

您平日的工作是什么？

我为新的服装系列打板，对现有的样衣进行试穿，调整相关纸样，所有这些都要与设计团队和系列开发团队保持沟通。

我主要与生产团队就打板、试穿和制作相关的问题进行沟通。

您为何对打板如此着迷？

我觉得有趣。通过打板，你可以改变服装廓型来适合人体，反过来，也可以改变人体廓型。

我从来没有真正把自己看成是一个对数学感兴趣的人，但当涉及纸样裁剪时，我觉得是非常有趣的。在这种情况下，公式和方程式让我着迷。因为通过调整尺寸的大小，会在服装的线条和结构的塑造方面带来不同的结果。所以，人体的尺寸和比例，与你如何建构服装纸样

1

1–3 & other stories

& other stories 2016/2017秋冬系列中的关键风貌。

时装设计师：马尔特恩·安德烈逊（Mårten Andreasson），& Other Stories
时装设计师：尚塔尔·威廉姆斯（Chantal Williams），老海军（Old Navy）

2

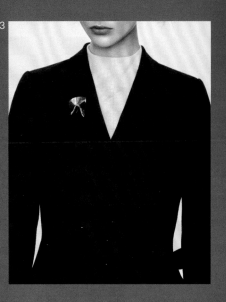

3

的数学结构有着密切的关系。

我对在人台上进行立体裁剪也很感兴趣，与平裁相比，这无疑会更加抽象，也有可能得到不同的结果。虽然这种方式与数学似乎不太相关，但其实殊途同归，最终都会被转化为平面的纸样。廓型、体量、比例和细节都可以在人台上直接操作，因此这个环节更像是在你打板之前先制作服装。

打板其实是在探寻人体与廓型、比例、结构和细节设置之间的关系。

对整个设计过程而言，打板究竟有多重要？

较好地掌握纸样裁剪，你就能理解服装如何构成以及构成服装的各组成元素在人体上如何运用。当你能够很好地理解如何看待和塑造人体，你就可以在设计过程中，更好地理解在人体上建构服装的各种需要。

纸样裁剪是一个工具，就仿佛用笔在纸上写字一样，通过面料或纸样，可以直接在人体上实现你的设计理念。这些创意可以成为你设计拓展的一部分，也可以使你的作品更为丰富。这种将人台上所进行的设计直接描绘下来的方式也可以理解为是一种可互换的设计方式，可以快速生成各种廓型、款式和体量的创意。

对设计师来说，对服装结构的理解有多重要？

再次强调一下，我坚信，了解服装结构对于理解一件服装如何构成是至关重要的。只有当接缝、省道、细节和服装内部的元素组合在一起表达

概念时，才能对你的思维和研究有所启发。

如果你作为一名设计师拥有这方面的知识，它不仅可以帮助你进行设计工作，还可以帮助你与制板师和其他团队成员进行沟通。

我相信设计师和制板师之间的良好关系是非常关键的，因为通过两者不同的视角，可以对同一个事物进行各具特色的诠释和解读，这是非常具有创造力的。只有通过这种方式，创意和视觉的表达才能变得越来越清晰，在这种情况下，制板师也就可以更好地理解设计师的设计风格，从而可以达成更理想的结果。

在这种关系中，制板师可以通过缝份的设置来寻找解决方案，并获得最佳的合体度，从而将设计师的设计想法付诸实践。

时装设计师：尚塔尔·威廉姆斯（Chantal Williams），老海军（Old Navy）

时尚档案

尚塔尔（Chantal）曾在诺桑比亚大学学习时装营销。她的第一个设计工作是在杰克·威尔（Jack Wills）品牌担任一名初级的男装设计师助理——协助高级设计师和创意总监。她的主要工作内容是设计针织、梭织服装和配饰。在这一年的工作中，杰克·威尔（Jack Wills）开创了其姐妹品牌奥宾（Aubin）和威尔士（Wills）。尚塔尔便被提升为奥宾·尚塔尔（Aubin Chantal）的男装设计经理。随后，她成为添柏岚（Timberland）品牌的资深针织设计师。自此之后，她移居美国，担任老海军品牌男装针织和配饰的设计总监。

您的工作职位是什么？
老海军品牌男装设计总监。

您的职业生涯是如何一路走来的？

我曾在诺桑比亚大学攻读时装营销学士学位（荣誉生）。在就读期间，我做过很多行业的尝试，从时尚公关、造型师到视觉营销、设计实习生。

我的毕业设计就是男装。我认为这是我想要走的路，于是我找了一份初级男装设计师的工作。我开始协助高级服装设计师完成各个产品生产步骤——CAD工作、创建工艺文件、做调研等——然后，我最终终于开始负责设计特定的品类。

当我很意外地获得为该品牌的姐妹品牌做设计的机会时，我便成了这个新品牌的高级男装设计师（有些诚惶诚恐），从此，我的职业生涯便插上了翅膀。这些年来我学到了很多东西——设计各种品类，建立品牌，创造独特的视觉形象与美感，与英国工匠和制造商合作限量版产品，雇佣一个小型设计团队，随后，我便成为了男装主管。

很不幸的是，该品牌终止了销售，我当时感到自己很多余。在我决定以自由设计师的身份为不同公司工作之前，我花了一段时间来进行自我评估。我发现我总是和美国的传统品牌以及古着工装很有缘分。当添柏岚毛衫设计师（正是我最热爱的品类之一）的职位有空缺时，我就去申请并获得了高级针织设计师的职位——设计男装、女装和工厂线打折系列的所有毛衣。这是另一个有趣的挑战，因为我第一次在如此紧缩的成本限制下为工厂打折系列做设计，也是第一次设计女装！

当我在添柏岚工作了一段时间之后，我又获得了老海军设计总监职位的机会。于是我飞去约见那边的设计团队，并在旧金山呆了几天，我跟我丈夫也在商量是否可以搬到美国去……其实没有花太长时间，我们就下定了决心！

您每天的工作是怎样的？

不能按天来算，因为我们一直是好几季一起进行设计，所以我可以在回顾夏季设计的基础上，将春季的设计收尾，同时还与团队一起进行秋款的服装设计。我基本上都是按照我的日程安排工作，我要参加每天安排好的所有会议：无论是设计稿审核、面料会议、印花和纸样审核，一个接着一个的会。这所有的一切都与我们当下所处的季节有很大关系。

您所做的一个系列究竟有多大规模，您每年要做多少个系列？

我们每年做四个系列：春季、夏季、秋季以及各种假日系列。如果像秋季这样的大系列，我们大约会设计350多款。

1-4 老海军品牌
老海军品牌的夹克和毛衫。

1

2

3

4

您如何开始一个系列的设计？调研重要吗？您从哪里开始着手呢？

调研非常重要——你肯定会从中获得灵感！我们的系列会从概念团队对本季整体大趋势的情况介绍开始；然后，我们讨论并决定我们应该遵从哪些趋势，哪些并不太适合我们。从那时起，我和设计师们将会旅行并调研当下的市场。我们着眼于各个层级的市场，确保我们可以优于竞争者保持领先。我们也会与面料厂和供应商见面，从他们生产的产品中获得灵感。调研内容不只是时尚和服装，也会关注社会、艺术、媒体、技术及其对产品带来的影响。更为重要的一点是，我们研究消费者及其生活——毕竟，我们做的一切都是消费者希望从我们的品牌中获得的，看看我们是否可以满足他们的需求。

您从哪里采购面料？

我们通过全球面料采购机构采购面料。大多数面料来自东南亚、中国或印度。

您的工作所需的重要品质是什么？

我认为你必须成为一个很棒的沟通者和听众。学会聆听和理解领导者要求我和我的团队所完成的任务重点，然后以明确而带来启发的方式传达给设计师，以确保我们目标一致，而且对我们所预期的目标有共同的认识。你需要启发，而非命令；允许你的团队拥有尝试新鲜事物的自由。你无法独立完成一个系列，所有运作都离不开团队的努力。你也要保持自我——如果有人的观点比你的好，那就更好

啊！说到底，这都取决于团队合作，直到你创造出你可能从未想象到的奇妙设计。对于不同的工作方式，我们必须要保持灵活性和开放度，同时在创造力与商业之间寻找平衡……其实我更倾向于从创造力中获得能量。不要害怕尝试新鲜事物，保持好奇，面带微笑，完成工作！

您的工作究竟有多么富有创造力？

非常具有创造力——从一季的设计之初，我们所有的调研、概念和灵感诠释，以及如何将这些融入一个系列，季节性的色彩系列研发，产品线路建构，到创造性地解决问题的思路都存在着创造力。思考一些新方法，使我们的顾客每月都能到店里来。通过基础型，建构我们的故事，确保每个产品都有理由存在于一个系列中。带着那些基础型和我们的视觉团队一起讨论，如何将这些概念呈现在我们的店里，并与我们的营销团队一起商量，如何创建季节性信息——创造成功并从失败中学习——不断地思考创新，共筑未来。

你们的前期调研或到工厂进行实地考察占有多大比重？

我每季都会去旅行，有洛杉矶、东京、伦敦或斯德哥尔摩。我们会一年两次去香港采购处，我们在那儿与供应商见面。我过去的工作就是直接走访工厂。

您和什么样的团队在一起工作？

和我一起工作的人，贯穿了与生意相关的各个环节，都是最具有创造力和最富有灵感的人。在我们的设计

团队中，拥有各种不同层次和经验丰富的人，从设计协调者、助理设计师到资深设计师。从跨部门的角度来看，我与我们的概念团队、视觉团队、销售团队、工艺设计团队及生产伙伴保持着密切的合作。

您想给未来在时尚领域工作的人怎样的建议？

当你刚起步时，你要做好准备，你可能所做的工作并不是非常光鲜亮丽的——照片复印、整理、检查样衣——我们一直都在做——但是相信我，你在学习！你越乐于助人，越乐于承担任务，越能表现出一定的热情，你就会被赋予更多的责任。试图在时尚的不同领域获得体验，你就能够对不同的工作有一定的认识。我对自己适合做什么也没有任何概念，直到我开始工作我就明白了。

在初级阶段，如果你在一家大公司工作，那么对于你所设计的人群的年龄、性别或者品类都不要太过担心。所有的经验和暴露出来的问题都是好的。如果你发现有令你感兴趣的事情，而且在目前职位中你表现十分出色，人们自然会推荐你。不要害怕问问题，尽量出席你能参加的会议——你只需通过聆听就能学到很多东西。不要忘记细节——男装其实就是要尽显细节。在这一阶段，流行趋势是很重要的，商业化也同样重要。

做到有趣而且专业化——因为这已经不是在学校了！接纳你所工作的品牌，尽力理解消费者是谁？品牌的核心价值是什么？这是我们所有工作的核心内容。每个品牌都有其特性，

我们的工作就是以适合品牌的方式
诠释流行趋势，并以他/她们所热爱
的方式对流行趋势进行重新塑造融合。

5 老海军
老海军品牌在店中
销售的产品。

"接纳你所服务的品牌，尽力理解消费者是谁，品
牌的核心价值是什么——这是我们所有工作的核心
内容。"
——尚塔尔·威廉姆斯

结构练习

在本章中，已经介绍了服装结构的基本理论，主要涉及工艺制作过程中所用到的实际操作工具和设备。此外，我们还介绍了实现服装设计的多种方法，比如在人台上进行立体裁剪，拓展设计理念以及创建纸样并按照纸样剪裁面料。

练习1

作为一名设计师，很重要的一点是甄别构成服装的各种不同的工艺形式。这样可以确保你自己或者第三方在确定做怎样的服装方面，做出精准的决策。

- 多观察服装：可以在你自己品牌或其他品牌的店中，找两件样衣，尽可能多地进行拍照：合缝，法式缝，折边缝，明线，普通折边，窄小折边，贴边，手缝，滚边，罗纹，衬里，毛边/做旧处理/解构，定制，省道，褶裥，切展，网衬，衬垫，垫肩，绗缝，骨架支撑。

- 设计一个系列的服装，共五套，每套服装使用上述至少两种工艺或者后整理方式的组合。你的系列应展示出至少十种工艺或者后整理方式的运用。

练习2

纸样裁剪是一个复杂的学科，需要花费很多年才能达到很高的标准。正如本章所讨论的，纸样裁剪的两个基本原理是连省成缝和"切展"。阅读对面页面所示范的步骤，了解如何通过省道合并创造衣身前片的不同效果。

步骤1

- 省道可以围绕人体进行移动，以创造不同的缝线效果，以胸省为例，它必须始终指向"胸高点"，因为这是符合胸省结构需要的。

- 在纸上拓印出衣身前片的纸样。衣身的基本原型纸样上有两个省道，一个来自腰部（省道 A），一个来自领肩部（省道 B）。

- 沿着 D 线裁剪，到达距离胸高点（X）1mm 处（0.039 英寸）停下。同样，沿着 G 线裁剪。不要将纸样剪成两半，同样地，裁到距离胸高点（X）前2mm（0.078 英寸）处停下。

步骤2

- 将 D 线旋转至与 E 线重合，将省道 B "合并"。这一做法将使得省道 A 变大。现在，你可以发现，我们将衣身上的省道从一个位置转移到了另一个位置（省道 B 与省道 A 合并了），但是省道量还是一样的。

步骤3

- 将你所获得的、具有较大省道量 A 的衣身前片拓印并裁剪下来。在衣身纸样上从任何一点向胸高点（X）画一条新的 C 线（在本例中，是从侧缝来获取线条，指向胸高点 X）。

步骤4

- 现在，采用与步骤1的相同方法，沿 C 线剪到胸高点（X）。在距离胸高点（X）1mm 处停下。G 线也采取相同操作进行裁剪，在距离胸高点（X）1mm 处停下。将 F 线旋转到 G 线的位置，将省道 A 闭合。当省道 A 闭合后，C 线处的省道展开，因此生成了新的省道（C）。

练习2

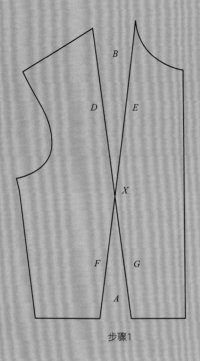

步骤1

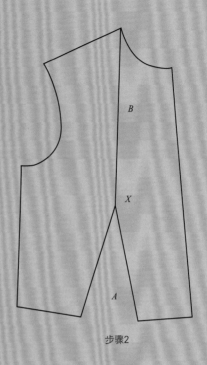

步骤2

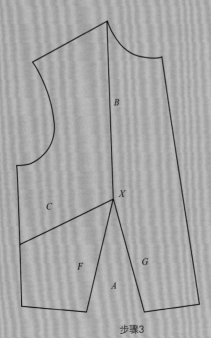

步骤3

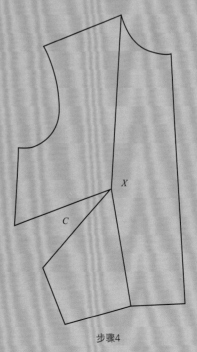

步骤4

练习3

步骤1

- 利用"切展"的工艺手法进而创造体量感。例如，可以利用这种手法将直筒裙的纸样"切展"为喇叭裙。

- 在纸上将直筒裙前片的原型板拓印下来并进行裁剪。从省道C的底部，画一条垂直线到纸样底部（线1）。现在在线1和前中心线之间距离的一半处作一条垂线。这就是线2。将这三个部分分别标为X、Y和Z。

步骤2

- 沿着线1剪切，在距离A点1mm处停下。然后可以沿着线3朝着A点裁剪。接下来，可以将线2剪切到B点，在距离B点1mm处停下来。

- 通过旋转线3"闭合"省道，与线4重合，线1则展开了。把X和Y部分粘贴到一张纸上。测量线1底部展开的距离（新的D点和E点之间的距离）。按照D点和E点之间的距离，将G点也展开相同距离，然后再将Z部分粘贴到纸上。

步骤3

- 重新拿出一张纸，将步骤2获得的裙子的轮廓线描下来，将这些线连接在一起就形成了新的喇叭裙纸样。那么，你就拥有了一个经过"切展"而形成的喇叭裙的纸样。

练习3

步骤1

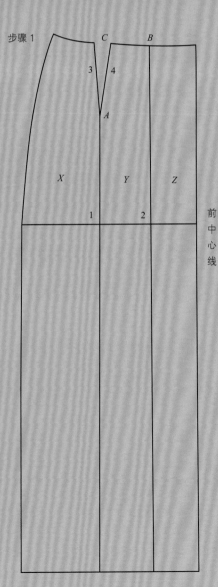

前中心线

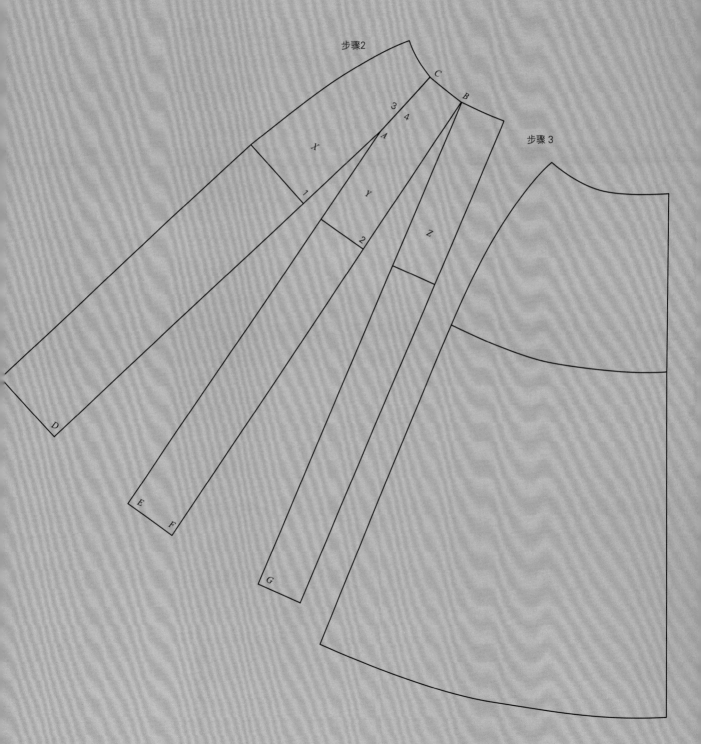

步骤2

步骤3

5 拓展系列设计

在你考虑进行一个系列创作之前，你必须明确你想设计和售卖的究竟是一种什么类型的服装，是为哪一个年龄层设计的——例如，你是在为男性、女性或者儿童设计服装？你想为低端零售公司设计服装还是设计高级女装？在你的系列设计中你究竟想表现什么？你必须明白不同类型服装的区别，以及它们是以独立的形式还是混合的形式构成。同时，你也必须考虑流行趋势，并且知道如何将你的系列适时地推出。最后，还必须从营销战略的角度考虑你对该系列产品进行促销和售卖时将要采取的方式。

你在为谁做设计？

作为一名时装设计师，你也许会在时尚行业中从事各种层次的工作。你所做的选择将取决于你所受的教育、能力和兴趣——当然也包括你愿意为工作付出多少。在时装设计领域中找准职责定位，也许是你从一开始就应一直为之努力的方向——这或许将更有计划地逐渐展开你的职业生涯。

1 维特萌茨❶，2016高级女装
法国高级女装协会、法国高级女装监管机构邀请维特萌茨作为嘉宾品牌参加高级女装展示。为了研发本次发布会的系列单品，维特萌茨与最具偶像级别的专业品牌的18个服装品类进行合作——例如，橘滋·库图尔（Juicy Couture，休闲装）、卡哈特（Cahartt，工装）以及加拿大大鹅（Canada Goose，户外装）。

---

❶ 法国潮牌，法语里"服装"的意思，近年时尚界的新宠品牌。

高级女装

　　高级女装的时装秀分别在每年的1月和7月发布两次。时装秀为其潜在的客户展示女装，其功能就如同时装公司做广告一样。只须一眼就能辨认出来的顶级高级女装设计师包括夏奈尔、克里斯汀·迪奥、让-保罗·戈尔捷和瓦伦蒂诺（Valentino）等。

　　一般来说，高级女装专门为个人消费者定制，而且异常昂贵，因为设计师将为高级女装使用专有面料和高超技艺的手工技师。如果没有高级女装，这些令人惊叹的制作工艺和刺绣技艺都将会流失。要想学习特定的、严格的高级女装的技艺，你最好先去一个时装设计专业院校进行系统的学习，然后，再在高级女装设计师的工作室中寻找一个职位。要具备这个层次所要求的技艺，仅仅依靠三年或是四年的学位学习是远远不够的，还需要很多年的磨炼才能得以完善。

　　目前，的确存在能负担得起高级女装的、超级富有的客户群体，但他们仍是比较小众的，但是其创新性和原创性使高级女装成为时装行业不可或缺的一部分。与成衣相比，高级女装较少受到商业性的限制，与此同时，高级女装也拓展了时尚的边界。近年来，法国高级女装协会、高级女装的监管机构邀请了一些"反传统"的设计师们来参加高级女装展示。这些设计师包括了艾里斯·凡·赫本（Iris Van Herpen）、维特萌茨、郭培等。这些设计师都在尝试拓展时尚的边界，每一件服装的制作都倾注了大量的时间精力和技艺（就像高级女装一样），但是是以一种更具创新的方式。

2

2 迪奥的"新风貌"
克里斯汀·迪奥1947年推出的标志性"新风貌"裙装。

3

3 梅森·马吉拉（Masion Margiela）2016春夏高级定制

这款外套通过保持面料的毛边获得解构设计的效果。毛边处理看上去像是外套的里子，构成一种全新的服装结构。

成衣

　　高级女装设计对于大多数的时尚追随者而言都是遥不可及的，于是，设计师们便创造出了具有高品质，同时又能批量生产的服装，它可以在标准号型的范围内适合更多消费者——它们被称为"成衣"。尽管如此，它们仍然保留了一丝孤傲。因为高级成衣虽然不是为单个消费者设计的，但是它们可以反映出设计师的理念。成衣设计是时尚行业的高端产品。从独立设计师品牌到超奢品牌，不同层次的设计师都在进行成衣的时尚设计。

超奢品牌

超奢品牌的生产商一般是全球性的大公司。它们有巨额的广告预算，有自己的店铺，并且生产自己的香水和饰品。超奢品牌在其品牌名下也设计并销售其二线品牌的产品。它们设计和生产奢侈的设计师产品，并且在设计师成衣展的T台上推广它们的设计产品。

LVMH集团和古驰（Gucci）集团是两个主要的时尚奢侈品集团，旗下拥有众多的时尚品牌和超级品牌。伯纳德·阿诺特（Bernard Aenault）是LVMH集团的总裁，拥有路易·威登、迪奥、瑟琳（Celine）、高田贤三（Kenzo）、托马斯·品克（Thomas Pink）、埃米莉欧·普奇（Emilio Pucci）、纪梵希（Givenchy）、罗威（Loeve）、芬迪（Fendi）、马克·雅可布斯（Marc Jacobs）和唐娜·卡兰（Donna Karan）等多个品牌。法兰戈斯·佩诺特（Frangois Pinault）拥有古驰集团，该集团有古驰、伊夫·圣·洛朗（Yves Saint Laurent）、宝赫隆（Boucheron）、宝缇嘉（Bottega Veneta）、巴伦夏加、亚历山大·麦克奎恩和斯黛拉·麦卡特尼（Stella McCartney）。

中档品牌和设计师

一个中档品牌或设计师虽不像超级品牌那样有实力，但是，无论如何，也一定是确立已久的、进行过多年贸易、具有较好的销售业绩和形象的公司。它可以进行服装批发或者特许权转让，也可以拥有它自己的店铺。一个中档品牌或设计公司通常是在一定区域或者在某一个国家内较为知名的。一个中档设计师可以在T台上发布自己的设计并且和快时尚品牌合作——例如，菲利普·利姆（Philip Lima）与美国连锁品牌塔吉特（Target）成功进行了合作。

独立设计师品牌

一位独立设计师通常和一个小型设计团队一同进行设计工作。他们对自己的生意完全具有掌控权，所以可以去做一些非常个性化的设计，但这取决于设计团队的规模，他们也需要兼顾到生意的其他方面，包括财务、出样、生产、发布和销售，但这将会占用大量的时间，而进行时尚设计的时间往往因此而所剩无几。所以，对于一个独立设计师而言，找到其间的平衡是相当关键的。

独立设计师可以在时装展会的T台上展示他们的设计。比较典型的方式是，设计作品以批发的形式卖给时装店或者大型商场，设计师也可以直接或者间接通过代理商将他们的设计卖出。例如，设计师艾玛·库克（Emma Cook）最近在伦敦时装周上售出了她设计的服装，并且该服装在伦敦的塞尔弗里奇百货（Selfridges）和纽约的巴尼百货（Barneys）面市。

休闲装和运动装品牌

也有一些超级大牌、中档品牌和独立设计师品牌包含有休闲装和运动装部分。这些品牌可能不会在成衣展的T台上展示，但是可以通过投入广告展示。

快时尚品牌（低端零售）

快时尚品牌设计的产品是直接面向顾客的。他们在全国乃至全球拥有连锁店或者特许经营店。英国拥有非常强大的低端零售时装市场。低端零售店铺关注T台流行并且获取一些时尚资讯，因为它们的生产机制比较灵活，可以对这些时尚作出快速的反应。它们比成衣设计师更快一步进行设计和加工服装——在很多方面，例如，在设计、面料和产品质量上的要求都不是很高——而且从最初的设计草图到最后服装的生产流程可以只用几个星期，而不是几个月的时间。低端零售店并不参加每年的时装周，而且也不经常在T台上展示他们的设计。最近打破这一规则的一个特例是托普少普（Topshop），它正在享受转型的乐趣。

超级市场

近年来，超级市场也可以将服装类产品与其他货品一起销售。这些服装生产快捷而且可以满足大量消费者的购买需求，这也意味着服装加工的成本极低，可以以相当合理的价格出售。

4

5

4–5 艾尔丹姆（Erdem）
　独立设计师品牌艾尔丹
　姆在2016春夏系列中的
　主打款式。

1

服装的分类

女装

女装市场已经趋于饱和并且竞争非常激烈。这也许是因为与其他领域的时尚设计相比,女装被认为更具创造力,而且更加优雅迷人。

男装

男装与女装相比要显得更为保守,因此每一季之间的变化较少,或者仅仅是极其微妙的变化,例如,可以改变裤子的宽度或者领子的形状。男装的销售量也不像女装那么重要。男人并不会一下购置很多服装,如果他们真的要去买服装,通常情况下,也一定会去买那些更昂贵、更耐穿的服装。就男人和女人的日常着装而言,与女人相比,男人较少穿着风格反差较大的服装。

童装

童装设计其实和男装、女装是一样复杂的,但是,除此之外,设计师必须考虑儿童的健康、安全问题以及服装的适用性。童装包括婴儿服装、幼儿服装、学龄儿童服装、青少年服装。

1 克雷格·格林(Craig Green)
2016秋冬男装系列
出生于伦敦的设计师克雷格·格林于2012年创立了自己的品牌。其标志性的风格是将制服元素与功能性嫁接在一起,形成表演性较强的风格。

2

● 2　萨卡伊（Sacai）2016/2017秋冬
女装系列

设计师阿布千登势（Chitose Abe）
在创立萨卡伊品牌之前，曾经
在渡边淳弥（Junya Watanabe）
品牌接受过训练。她的设计常常
会将未经加工的、具有触感的
面料组合在一起，创造出浪漫
而又耐穿的服装。

"通过系列设计来讲述一个故事
是一件非常完美的事情，但是你
不要忘记，除了那些天马行空的
想象力外，你是在设计服装。而
且，当你想将服装设计得更具视
觉冲击力的时候，一定要记住，
你在做的是一个系列设计，而且
是要被当作商品出售的。我们必
须诱使女人们购买服装，这就是
我们的作用。你在T台上所看到
的那些并不能代表全部。那些仅
仅能代表我们所做的事情的四分
之一，甚至还要更少。市场营销
是至关重要的，我们必须确保店
铺中始终备有存货，而且看起来
更新鲜、更具有诱惑力。"

——约翰·加里亚诺

服装的类型

　　无论你是设计男装、女装还是童装，在每一类的服装中还会有不同的细分种类，如休闲装、牛仔装、晚装、西装、泳装、睡衣、内衣、针织服装、运动装、展示样衣和配饰，我们可以叫它线路。在这些线路中，会有比较特定的服装类型——例如，衬衫、连衣裙、T恤、裤子、外套。如果你拥有自己的时装公司，你也许会让你的系列产品包含所有线路的设计。但是，如果你为一个大公司工作，例如雨果·波士（Hugo Boss）或者盖普（Gap），你将会专门负责设计某一线路——例如，定制类服装或裙装。

休闲装

　　休闲装被定位在非正式场合穿着，它属于日常服装。在20世纪50年代，休闲装伴随着青年人的文化思潮逐渐涌现。青少年并不希望穿着得和他们的父母辈一样，因而开始按照他们自己的方式来穿着。设计师和制造商——在文化允许的最大限度内——直接对此做出了反应，一种更为轻松随意的服装形成，并且逐渐壮大，乃

至形成一种全球化的氛围。被运用在休闲装当中的两种最常见的面料是针织布和斜纹布。运动服装和街头服装极大影响了休闲装风格的形成。像盖普、J.克鲁（J Crew）、阿贝克隆比和费奇（Abercrombie & Fitch）都是休闲装的代表品牌。

牛仔装

　　牛仔裤是用斜纹布制成的裤子。最初，主要为从事体力劳动的人所穿着。20世纪50年代开始在青少年中流行开来。今天，牛仔裤真正成了老少皆宜的一种国际化的休闲装。它们被设计成多种多样的款式和色彩。每季随着面料和水洗技术的发展，设计师通过在传统牛仔裤上进行新的绞拧设计，不断地推陈出新。许多牛仔品牌都是从单纯设计牛仔裤逐渐发展到设计其他休闲类型的服装的。

　　李维·施特劳斯（Levi Strauss），里（Lee），狄塞尔（Diesel）和威格（Wrangler）都是非常著名的牛仔裤品牌，李维·施特劳斯也许是美国工装行业中最知名的了。有趣的是李维斯

1 牛仔裤

从上至下，从左至右：
李维斯（Levi's®501xxx），伊维苏（Evisu Cinch-back），李维·施特劳斯，高街（High Street），罗根（Rogan），努蒂（Nudie），布鲁·莱博（Blue Lab），Y-3。

在世界各地有着不同的地位。在美国，它仿佛是一种入门价位的牛仔服；而在亚洲和欧洲则被视为一种炫酷的时尚代表。

赛文·费奥曼德（7 for All Mankind）也是另一个经典牛仔品牌。它们的牛仔裤采用了意大利和日本面料厂生产的最好的牛仔布，搭配完美的贴身效果和水洗特色，被认为是时髦的、适合在工作场合穿着的，且被多位设计师作为搭配服装的牛仔裤品牌之一。其他高档牛仔品牌还有像 J.布兰德（J Brand）、普通公民（Citizens of Humanity）、佩吉（Paige）和柯伦特/埃利奥特（Current/Elliot）（请参见第112页），他们在高端百货公司商店里，一般按一件200美元左右的零售价出售，例如塞尔弗里奇百货、利百提百货（Liberty&Co）、巴尼百货和萨克斯百货（Saks）。

运动装

运动服装设计与其他领域的设计不同的地方在于，它的设计几乎完全是由它所具有的功能性决定的。运动装必须体现出对某一种特定运动或活动的适应性。随着面料技术的不断发展，这就成为设计中一个十分有趣的领域。而且，对于所有人的日常穿着来说，运动服装逐渐显现出越来越多的时尚气息，而绝不再仅仅是运动爱好者的独享。运动服装拥有它自己的潮流趋势，有时还可能对主流时尚产生影响。这一点在运动跑鞋上显现得尤为突出。具有功能性的运动跑鞋被大众接受，成为一种街头时尚，而后又被时尚缔造者们用来代表时尚潮流。

运动装和时装之间有着越来越多的交融。如今，很多制造商都在委托一些时装设计师为他们开发更具时尚感的运动装。

运动休闲装是一个用来描述将运动装当作休闲服装或者工作服的词语，在服装中也是一个新的趋势。这些类型服装的生产厂家包括了露露柠檬（Lululemon）❶和露西（Lucy）。

泳装

如今，许多人可以在一年中的任何时候到热带国家去度假，这样就带来了对泳装的需求。正如运动装一样，泳装的面料和设计也运用到了很多先进技术，可以在基本款式中发展出来种类繁多、各式各样的设计。

内衣

内衣设计首要考虑的是技术性和功能性，但是，在近几年也逐渐体现出一种设计引领的趋势。艾珍特·普拉瓦科托尔（Agent Provocateur）就是这样一家公司，可以设计兼具功能性的、奢华的、风格感极强的居家服和内衣。对于一个内衣公司来说，不同寻常的是，他们在巴黎时装周发布系列设计，以此来强调内衣设计作为设计中的一个独特领域的重要性。该公司为英国的零售商玛莎百货（Mark & Spencer，英国最大的跨国零售集团）专门设计系列产品。

❶ 露露柠檬，美国瑜珈服装品牌。

2

晚礼服

　　显而易见，晚礼服比日常服装显得更为正式。即便是在现在，男式晚礼服也保持了相当严格的传统性，而女式晚礼服的设计则仅仅受到想象力的限制，我们只需了解在奥斯卡颁奖典礼上，当女演员和模特们从红毯上款款而来时，全球媒体的关注程度，就可以明白晚礼服对于时尚的重要性。我们可以看到它们究竟是如何变换款式、色彩和面料的。

　　晚礼服服装倾向于使用更轻薄的、昂贵的面料，例如，塔夫绸和丝绸。此外，晚礼服具有超越季节性的特点，今年与去年款式不具有明显的区别。

定制服装

　　正如我们所能想象的，西装比休闲服装更具有结构性和适体性，制作精湛的工艺结构也需要一些特殊的技艺才能完成。西装通常被认为是正式的服装，而且在很多的工作场合中被认为是最适合的着装。

　　定制服装可以被看作男装中的"高级女装"。每一套服装都只适合于每一位特定的顾客。许多男士愿意支付成千上万的重价来获得一件剪裁完美、需要制作若干年才能完成的西装。

2 晚礼服

2016年第88届奥斯卡颁奖典礼上，模特多丽丝·穆斯（Dorith Mons）身穿丹尼斯·迪姆（Dennis Diem）设计的礼服。

3

3 定制服装

理查德·詹姆斯（Richard
James）2016春夏系列
中的主打款式。詹姆斯
以其在传统男装裁剪中
运用现代色彩和图案而
闻名。

展示样衣

在很多T台发布中，一些服装会比其他服装更具可穿性，但是一定有一些服装会让观众发出"谁会穿这样的服装啊？"的叫喊，很多人也许不知道，这些非凡的创作作品只是用来展示的"展示样衣"。这些服装永远不会被放到店铺或者专卖店中去，而只是用来吸引媒体的注意，它们可以作为展示的一部分出现，或者被社会名流穿着进行初次亮相，以此可以将设计师介绍给更广大的观众。正如我们所看到的那样，展示样衣倾向于吸引人们的注意力。它们通常是做工费时、价格昂贵，并且能代表设计师纯粹的设计理念。

针织服装

针织服装设计师是真正的时装设计师。对于他们而言，面料的开发与设计同等重要，因为他们必须对纱线、针法和廓型的选择负责。一些时尚品牌是从具有独特设计风貌的针织服装公司逐渐发展而来的。米索尼（Missoni）是以其多色彩的条纹针织衫而闻名的，而普林格（Pringle）则是以其多色菱形图案闻名。

饰品

饰品的搭配可以使整套服装表现得更为完整。它们包括包、腰带、帽子、鞋子、围巾、首饰和眼镜。许多品牌生产和他们的服装系列产品配套的饰品以提供一种更为完整的风貌。如果消费者这样选择，那么他们可以

4

4 展示样衣
图中展示的是维克多和拉尔夫2016秋冬高级定制系列中的一套服装。这件外套有着厚实的前后片，由多层深色的网编织而成。

5

6

5 弗罗拉时尚屋
（House of Flora）
由羊毛毡和塑料
制成的网帽，来自
2010/2011秋冬系
列"红雾"。

6 弗罗拉时尚屋
由塑料和迪奥网
状遮阳板制成的饰
品，来自2015/2016
系列"出其不意"。

从头到脚都穿戴一个品牌。

　　饰品通常要比服装便宜，这样可以使消费者们在买不起服装产品时，仍然可以在这个品牌的产品中选购一幅太阳镜、腰带或者印有品牌标识的背包。

　　饰品可以改变一套服装的整体风貌。它们可以决定穿着者气质的高雅或简朴，以及休闲或正式。一双跑鞋与一套女装搭配在一起，要比女装配搭一双高跟鞋看起来休闲许多。

　　它们可以作为时尚的标志，通过媒体的宣传变得充满诱惑力。这一点在包袋上体现得非常突出，而且每一季都会有一些带有独特的名字和风貌的、令人垂涎的包袋展示在旗舰店中。如爱马仕（Hermès）的波科林包（Birkin，带有珍·波科林的头像并以此命名）、亚历山大·麦克奎恩的诺威克包（Novak）、玛佰莉（Mulberry）的亚历克桑包（Alexa）。

　　鞋子、帽子和包袋设计是设计中特殊的部分，它们不仅需要设计师具备大量的结构方面的技术知识，而且在设计风格和功能体现方面也有很高的要求。

　　在20世纪60年代和70年代发型设计的成功发展之后，帽子似乎有些失宠。近些年，也只有较少的场合适合佩戴帽子。然而，在英国仍有一些成功的女帽制造商。菲利普·翠西（Philip Treacy）和斯黛芬·琼斯（Stephen Jones）不仅有帽子生产的成品线，而且也为迪奥和亚历山大·麦克奎恩的T台发布会专门定制帽子。

整合一个系列

时装设计是一个快速运转的行业。为了取得成功，你必须很好地组织并且为大量的繁琐工作做好充分的准备。

系列设计和设计线路

一年中，时尚具有两季，每一季六个月。企业可以按照这样一个循环来进行工作，设计春夏系列和秋冬系列。小时装公司每年只生产这两季的服装，但是较大的公司会生产得多一些。通常他们会在圣诞节期间和盛夏期间出售两个小批量的系列。圣诞节系列或者冬季巡游系列（"Cruise"Collection）包括派对服装（Partywear）或者冬季度假服装（Winter Holidays）。盛夏系列则集中体现为泳装和夏季度假服装。

除此之外，早春系列产品是生产出来的体现后续设计风格的服装。这些都将在主打系列的展示之前展示给买手们。设计师也可以生产一些商业化的可供销售的系列。买手们主要从这些系列中选择订单。当主打系列进行T台展示时，可以展出一些更具挑战性的设计，以此来吸引媒体的眼球。

商业街的时装零售商们会频繁地将一些服装系列引进到他们的店铺中，以此来不断引起消费者的关注。这通常是通过将主打系列拆分为一些较小的系列，或者只选取一个"主题故事"，然后在销售期间交叉上市，这样比起单独的、较大的系列来说会更易于进行开展市场营销活动。主题故事通常都会给出名字—— 一般是一个可以概括出整个故事主题的词语，如轮廓（Contour）、桑给巴尔岛❶（Zanzibar）或玛丽安娜❷（Marianne）。

一个设计师可能在同一时间内要完

1	女装成衣年历													
	1月	2月	3月	4月	5月	6月	7月	8月	9月	10月	11月	12月	1月	2月
春夏1	纱线+面料贸易展 / 第一视觉 / 展示春夏理念 / 开始设计春夏系列				春夏样衣打样			样品复样+完成 / 伦敦/纽约/巴黎/米兰春夏时装周			核对订单+订面料+装饰料 / 开始生产		发送春夏系列到店铺	
秋冬2						纱线+面料贸易展 / 第一视觉+意大利国际纱线展 / 开始秋冬系列设计			秋冬系列打样		打样完成			伦敦/纽约/巴黎/米兰秋冬时装周
春夏3													展示春夏理念 / 开始设计春夏系列	
男装展时间较为提前，但交货时间与该表一致														

❶ 桑给巴尔岛位于坦桑尼亚东部的印度洋深海，一大特色是，岛上多非洲传统黑人。
❷ 玛丽安娜，法国的象征，圣母形象，类似于美国的自由女神像。

成多个发布会的设计。例如，在1月，设计师可能会参加春夏服装的预展（Pre-collection），并完成秋冬主打系列的销售展，还要完成圣诞节期间的冬季巡游系列，并且开始春夏主打系列的设计。

对于一个大型的成衣公司而言，秋冬系列要有200款左右的新款，冬季巡游系列有100款，春夏系列有160款。相比而言，对于一个独立设计师品牌来说，一个系列要确保有20~100款（15~50套）。一个托普曼（Topman）的衬衫设计师将会要求围绕一季中的六个主题故事，设计出50~60款不同样式的衬衫。

1–2 女装日程表
日程表显示了女装成衣一年内的大致安排，除了完成这些设计，设计师还需要考虑其他系列设计，如预演系列和巡游系列。

3 T台秀
一张来自彼得·詹森（Peter Jensen）的T台秀照片。其中买手们正在观看此系列作品。

2

女装成衣年历													
3月	4月	5月	6月	7月	8月	9月	10月	11月	12月	1月	2月	3月	4月
	销售结束 预定通道关闭	核对订单+ 订面料+ 装饰料 开始生产		发送秋冬系列到店铺									
		春夏系列打样			打样完成	春夏时装周	销售结束	核对订单 开始生产		发送面料到店铺			

男装展时间较为提前，但交货时间与该表一致

4

时装展示日程表的变化

数字平台正在改变这一创意过程的时间安排，因为它们能使人们立刻看到时装表演的图片。高街品牌（快时尚品牌）设计师可以迅速从中获得影响，并且能够很快就将新系列设计投入生产和投放市场，远远早于T台作秀的设计师。因此，现在的时装屋直接在网上公开售卖，而不需要等待六个月后才将系列设计送至店中。

巴宝莉是一家采用这种新的日程表的时尚品牌。他们现在正在按季节进行时装展示，在2月进行春夏系列的展示而非秋冬系列展示。

他们看到了在时装周期间网络曝光和刺激的好处，网络作为一种销售工具，它的对象不只是店铺的买手，而是直接面向公众。时装展示正在成为公共娱乐，而不仅仅是一个贸易活动。

维特萌茨正在采用另一种不同的展示日程表，并且决定在6月和1月展示他们的主打系列（在早春系列展出之后），早于正常的时尚日程。这使他们有更多时间来制作他们设计的系列，并能够确保可以将服装更快地送至店中，这就意味着可以拥有更多的销售时间。店铺买手在这个时间段也会做更大的预算。但是，在这个时间展示说明它们不是时装周媒体关注的焦点部分，可能只是时装周媒体的点缀。

季节性服装的设计

　　服装可以适用于不同的季节。例如，在秋冬季，大衣比泳装显得更为重要。面料也是不同的，更为厚重、保暖的面料更多地用于秋冬季的服装中，而更为凉爽、轻薄的面料则更多地用于春夏季的设计中。然而，由于我们大多数人都在有空调的环境中工作，生活在升温后的房间内，季节之间的差异变得不那么明显了，所以服装也变得不具有那么明显的季节性差异。如今，我们更愿意混搭服装，这样可以将夏季的款式与冬天的羊毛衫搭配在一起。跨国公司也开始推出季节性并不特别明显的系列产品。尽管季节不同，但它们一样可以在世界各地进行销售。

4 巴宝莉

2016年9月，伦敦设计师在T台上展示了其2017春夏系列。但与此同时，巴宝莉在2016秋冬系列上发布了其首个从T台走向零售的服装系列产品。消费者在通过直播观看这场时尚秀的同时，也可以在网上或商店中直接购买到这个系列的产品。时尚编辑们则在几个月前就观看过这个系列了。

企业中的设计流程

作为一个服务于公司的设计师，设计一个系列产品的首要任务是调研。你可以借用在第一章中所列举的各种形式的调研方式，可以通过走访所在地和世界各地的商场来获得时尚信息和其他文化潮流。面料和纱线展也很重要，通过参展你可以发现一些面料方面的新近成果。根据你所就职的公司的规模大小，你可以有所针对地与市场营销人员和买手们交谈，以进一步明确目标消费群体的消费习惯以及哪些服装会卖得比较好，哪些款式在之前和当前的系列中没有出现过。

对调研结果理解消化之后，就可以进行系列设计，而后就会形成一个比较清晰的产品线。每一款服装都会有结构图，而且面料小样及装饰材料都会选出来贴在上面，然后根据这样的结构图来进行样衣的剪裁和制作。通过对样衣独特的设计点以及它在整个系列中的作用来评定它成功与否。样衣还会在合体性、面料和细节方面进行调整，而后会重新打样。整个样衣试制的过程可以在设计室内完成，也可以送到工厂由样衣工来制作。设计师或者设计团队的其他成员将会负责这个过程。

5–10 款式工艺图

款式工艺图是用于向制造商传达服装细节与工艺的工作图纸，也可展示最终的成品照片（图片来源于巴里·格尔杰）。

5 服装款式图

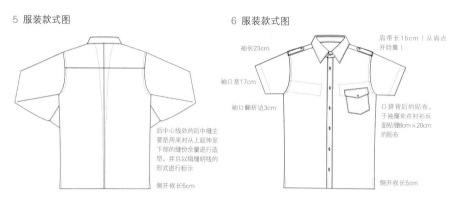

后中心线处的后中缝主要是用来对从上延伸至下部的缝份余量进行造型，并且以缝缝明线的形式进行标示

侧开衩长5cm

6 服装款式图

肩带长15cm（从肩点开始量）

袖长23cm

袖口宽17cm

袖口翻折边3cm

口袋背后的贴布，于袖窿处在衬衫反面贴缝8cm×20cm的贴布

侧开衩长5cm

7 服装款式图

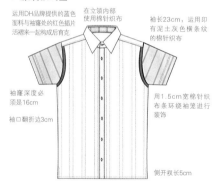

运用DH品牌提供的蓝色面料与袖窿处的红色插片活裥米一起构成后育克

在立领内部使用棉针织布

袖窿深度必须是16cm

袖口翻折边3cm

袖长23cm，运用印有泥土灰色横条纹的棉针织布

用1.5cm宽棉针织布条环绕袖笼进行装饰

侧开衩长5cm

8 服装款式图

后背部育克采用具有对比效果的面料

后背育克内部采用印花条纹棉针织布

袖口宽16cm

1.5cm宽棉针织布条（和正面一样）

侧开衩长5cm

9

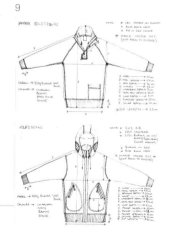

10

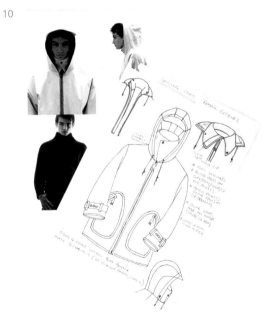

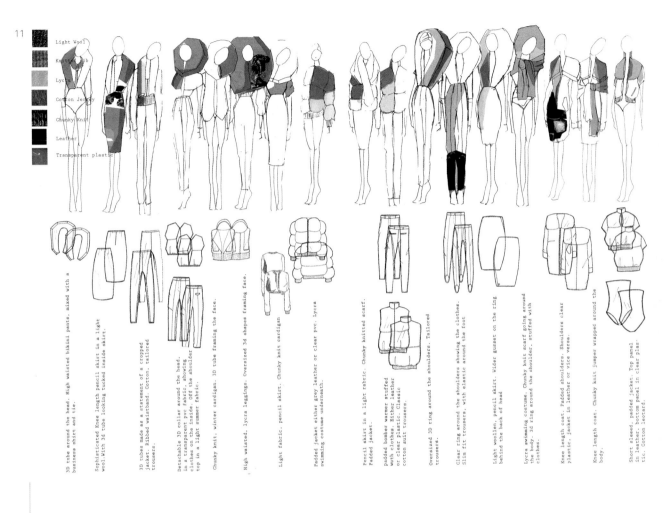

11

Light Wool
Knitted Rib
Lycra
Cotton Jersey
Chunky Knit
Leather
Transparent plastic

3D tube around the head. High waisted bikini pants, mixed with a business shirt and tie.

Sophisticated Knee length pencil skirt in a light wool. With 3d tube looking tucked inside skirt.

3D tubes made as a statement of a cropped jacket. Ribbed waistband. Cotton, tailored trousers.

Detachable 3D collar around the head, in a transparent pvc fabric, showing clothes on the inside. Off the shoulder top in a light summer fabric.

Chunky knit, winter cardigan. 3D tube framing the face.

High waisted, lycra leggings. Oversized 3d shapes framing face.

Light fabric, pencil skirt. Chunky knit cardigan.

Padded jacket either grey leather or clear pvc. Lycra swimming costume underneath.

Pencil skirt in a light fabric. Chunky knitted scarf.

padded bomber warmer stuffed with clothes. Either leather or clear plastic.Classic cotton suit trousers.

Oversized 3D ring around the shoulders. Tailored trousers.

Clear ring around the shoulders showing the clothes. Slim fit trousers, with elastic around the foot

Light woollen, pencil skirt. Wider gusset on the ring behind the back of head

Lycra swimming costume. Chunky knit scarf going around the body. 3d ring around the shoulder, stuffed with clothes.

Knee length coat. Padded shoulders. Shoulders clear plastic. Jacket in leather or vice versa.

Knee length coat. Chunky knit jumper wrapped around the body.

Short sleeved, padded jacket. Top panel in leather, bottom panel in clear plastic. Cotton Leotard.

11 产品线规划
具有杰米·鲁森（Jamie Russon）个性风格的产品线规划。

"时尚的不断更新，不仅来自商业规则和消费者对'新奇事物'的热爱的驱动，而且也来自对形象与叙事的迷恋。"

——克莱瑞·威尔考克斯（Claire Wilcox），馆长

系列设计展示

完成一个系列设计并制成成品之后，你要先将它们展示给媒体和买手们。很重要的一点是，要探索各种不同的时尚展示形式，以便找到一种适合你自己产品的最佳展示方式。尽量连续几季在同一个地点做展示，这样可以使媒体和买手们更好地了解你，并且了解到你们公司在持续推出一季一季的产品。

在采购一位新锐设计师的系列设计作品时，买手倾向观望几季。他们想要确认，这些设计师具有及时生产和交付高品质系列产品到店铺的商业能力。

通常设计师会在他们工作和生活的国家举办服装展——至少是在刚开始的时候。这是因为他们比较了解自己国内的市场，而且这样做会比在国外成本要低很多。随着他们事业的逐渐壮大，他们就可以在国际上举办服装展了，选择哪个城市举办展会将取决于产品的类别以及他们所针对的目标客户。

全世界有很多时装展示活动。其中主要的女装成衣展在巴黎、米兰、伦敦和纽约时装周期间举行，此外，还有在巴黎举行的高级女装展。男装

"它看起来比其他任何事物都像一个工程。当你将面料缠裹到人体上的时候，就是在寻找你能力的极限。一切都在发展变化。没有一样东西是可以给出严格定义的。"

——约翰·加里亚诺

1 T台后台的准备
贾斯汀·史密斯（Justin Smith）在后台做最后的准备工作。

2

● 2 侯赛因·卡拉扬
　　作为侯赛因·卡拉扬2001
　　年秋冬系列走秀的最后的
　　戏剧化一幕，模特们用小
　　锤子把同伴身上的陶土裙
　　子敲碎。

成衣展则是在米兰、巴黎、纽约时装周期间举行（通常会在女装展之前举行）。也有很多展会活动涉及时尚的其他领域，包括休闲装、牛仔装、内衣、配饰和童装。

T台展示

　　T台展示，是最完美的服装展示方式，因为它代表了服装穿着在人体上之后会在风格、合体性和廓型方面的最佳状态。设计师可以通过模特的造型以及展示方式本身来表达完整的设计理念。媒体、买手、造型师、潜在的投资人、主办方以及一些上层社会人士都会受邀来观看发布会。买手们将会对他们看好并采购的服装发表看法。媒体则会在报纸和杂志中对发布会进行报道，也会关注一些在期刊中将要采用的服装并进行拍照。

　　T台展示可能没有直接的商业回馈，而且是一项非常昂贵的支出。只有当媒体给予较好评价，并在展示期间内促成了订单，回馈才有可能产生。它通常要花费至少3万美元。正是由于这种昂贵的开销，一些新设计师会选择更为保险的方式，如由投资方出资来进行发布。一些高档商业街的零售商常常会提供这种投资，为的是将这个设计师发布的系列产品投放到自己的店中。时装发布会可能看起来十分令人兴奋，但是对于一个设计师来说，很重要的一点是不要过早地进行自己的时装发布。如果你的系列设计很糟糕或者不够专业的话，它也将会对设计师的名誉和收支平衡带来巨大的损害。

时间和地点

时装周的主办方会筛选设计师并且决定谁将会出现在官方发布会的时间表上。通常来说，新设计师会被安排在时间表之外。这就意味着他们可以推出他们自己的发布会，但是可能是较小规模的、并不太高档的地点。他们可能会吸引媒体和买手的注意，并借此让媒体和买手发现一些令人兴奋的、潜在的设计天才。媒体会在一段时间内支持新的、潜在的天才设计师，但是如果你的设计并不能够证明你将成为一个大牌设计师的话，他们就会对你失去兴趣。

T台展示的形式可以是多种多样的，而且也没有定律。它可能是从一个升起的舞台一直延伸到较大的会场或者房间中央，或者是在房间两侧设有观众席，T台的尽头是摄影师集中拍摄的地点，模特可以轮流走到台前摆出各种造型供摄影师拍摄。然而，一些设计师也会选择一些更为个性化或者概念化的场合来展示他们的服装——展示本身则构成了他们系列设计的核心思想的重要组成部分。

设计师试图寻找一些不同寻常的场地，如停车场、足球场、仓库和地铁等。他们必须考虑什么样的灯光和音乐会适合他们的系列展示，并且能为整个发布会营造出一定的氛围。受邀参加的客人会在他们到达后收到宣传册和"爱心礼包"，这些可以帮助他们酝酿情绪准备观看，而且也可以吸引目标客户的注意力。

亚历山大·麦克奎恩是以他颇具戏剧效果的时装展示而闻名的。1999年春夏，他把舞台设置在覆盖着冰雪美景的、巨大的立方体中，模特可以在冰上滑行。这个展示的灵感来自恐怖片《熠熠生辉》（The Shining）。他也曾让模特在着火的T台上表演，并在T台上制造出下雨的效果，让雨水倾泻在模特的身上。

侯赛因·卡拉扬2000年秋冬的发布会选择在英国伦敦的塞尔德的威尔斯（Salder's Wells）举行。他把舞台设计得像是一个房间，在这个房间里，模特将家具以解构的方式转换成服装：桌子可以变成裙子，沙发套可以变为连衣裙。

最近，设计师们试图脱离传统的T台展示方式，尝试将它们制作成影片，或者发送到网络上供人欣赏。

● 3-7 布迪卡（Bouidcca）
的时装秀邀请函
布迪卡在他们的时装秀邀请方式上颇具创造性，从可以说话的邀请函到将邀请函刻在假指甲上，他们都曾尝试过。

4

5

3

6

7

8

● 8 商业展会
柏林"面包与黄油"（Bread
and Butter）时装商业展会主
要展示的是日常服装和街头
服装。

商业展会和展示间

无论设计师是否会进行T台动态展示，静态展示是所有设计师都必须参与的。这种展示可以被设置在人台上、展览会中或者一个私人的展示间里。在这里，媒体和买手们可以近距离地观看服装的细部，因此，服装生产商很有希望获得订单。如果你想要参加商业展会，你必须先要进行申请，而且要支付高额的费用来租赁场地。但是，通过获得政府资金来参加一些国际性的商业展示也是有可能的。成衣商业展会是巴黎、米兰、伦敦和纽约时装周的一部分。

休闲装和牛仔服装的设计师和公司通常会在大型的商业展示中展出产品，包括拉斯维加斯的"魔力"（Magic）、米兰的"佩特·乌姆"（Pitti Uomo）巴黎的"人和太空舱"（MAN and Capsule）、伦敦的"夹克需求"（Jacket Required）、柏林的"寻求品质"（Seek and Premium）等。

在展示间内展示你的系列设计可能比在商业展会上要显得私密一些。展示间可以设在你自己的私地、酒店房间或者你的销售代理处。你可以单独展示或者作为一个展团的品牌之一。最重要的一点是，在任何一个时装周上，当买手和媒体们有若干个展示间和T台要观看时，要确保你的展示间的位置比较显眼。

销售代理

一些设计师通过销售代理来出售他们的服装。销售代理之所以发挥作用，是因为他们可以和一些买手联络并为你和他们安排预约。代理商负责在展示间内促成订单。如果你要选用销售代理，首先要确定他们可以及时地将销售信息反馈给你。这些建议对你来说将是无价之宝，并且可以引导你下一季的设计。

产品画册和产品线宣传页

一本产品画册可以向消费者展示整个系列，而且也是极有价值的销售和促销工具。它可以使媒体和买手在离开展示间或展会之后，仍然可以为之前所浏览的服装保留一个带有细部展示的记录册，随后他们也可以以此作为做出最后决定的参考资料。

产品画册也可以采取多种形式——它可以很简单，直接将T台上拍摄的照片放入其中，也可以更具创意。

产品线宣传页可能是所有设计的较为具体的展示文件，它们是以平面效果图或者照片的方式展示出来的，还包括面料、色彩和价格，这些对于买手来说是非常有用的。

● 9 产品画册
理查德·索格（Richard Sorger）的产品画册。

9

photography: **Bella Howard**
creative direction: **Grace Woodward**
hair and make up: **Martina Luisetti**
model: **Francesca Capper**
graphic layout: **James Hamilton**

sales:
self service showroom (UK)
TEL: +44 (0)20 7725 5700
Email: agency@selfserviceuk.com

RJS by Richard **Sorger**

Autumn/Winter **2010/11**

系列设计推广

作为一位设计师或者一个公司，你必须清楚你想要表达什么。这一点非常重要，它可以使你与你的竞争品牌和设计师相区分。你可以使自己看上去更成熟，而不单纯只是细致的规划和设计。制作好服装标签和吊牌，设计好你的商业名片——这些对于你建立起自己的业务网络是非常有用的，尤其在一些面料贸易商会上它显得更加必不可少。

可以考虑建立一个自己的网站，但是在设计的时候要小心——制作一个时尚的、容易浏览的网站，要比仅仅为了打网上广告而制作一个简陋的、快速制作的网站要好得多。耐心等待一段时间，直到你能够建立一个更好的网站为止。不要试图通过网络来销售你的服装，直到你的业务初具规模，具有大量的线上销售知识。这是一项很复杂的业务。切记，你是一个时装设计师而非一个IT专家。一个可持续发展的时品牌是需要经历许多年才能真正建立起来的。

考虑一下你在网上的亮相以及你所希望参与的社交媒体网页。时尚是一种视觉的生意，所以，把系列设计海报发布到社交网络上，将会为你的品牌带来非常好的宣传推广，同时可以直接链接到你自己的网站。也可以用其他媒体账号来推广宣传你的品牌、销售产品，并且与你的消费者进行交流和互动。

10

● 10 吊牌
吊牌承载着重要信息，同时也用于品牌辨识度的延伸。

11

● 11 社交媒体
JW·安德尔森（JW Anderson）品牌在Instagram上发布了他们的系列照片。社交媒体对于品牌的推广至关重要。

品牌化

　　品牌是由诸多元素组成的混合体，包括品牌名称、产品、设计师、品质、包装、标签以及能否为大众所接受等所有不可避免的"未知"因素。一些元素的组合对于某些特定的品牌来说尤为重要。如果是李维斯这一品牌，你可能会想到斜纹布（牛仔布）的质地和牛仔裤后部又大又旧的皮质标签；而对于让-保罗·戈尔捷这一品牌，你也许会想到设计师的个性张扬和现代、幽默、极富挑战性的时装。普拉达（Prada）的品牌名称则体现出昂贵、高品质的设计和产品。好的品牌是那些经过多年考验，仍然具有强烈的可识别性的品牌。

　　品牌化是将品牌的元素传递给目标消费者的过程，包括票据、标签和品牌售卖的街区。服装的品牌化是服装设计的整合部分，它也是系列设计的一部分，而且要确保每一季之间的连贯性。

　　所有的时装品牌都将标签作为品牌的标识，通常会缝制在服装领子内侧。这样将它们挂在店铺里时便可以被人们看到。标签也有各种各样的形式，最有趣的是标签上的字体、色彩或材料选择——甚至是它们缝制在服装上的方式。所有这些事物都可以反映出一个设计师的喜好与风格。服装也会带有吊牌，它们是在服装店里被挂上去的。那上面有设计师的名字以及产品的尺寸规格和款号以及销售地点等信息。只有当服装被买走时才会被包装起来，服装通常会放在一个包装袋中，以确保它从店铺到家的途中安然无恙。当然，包装袋也是品牌推广的另一种重要的方式，而且包装袋本身有时也会成为人们争相拥有的东西。

1 包装袋

精美的包装袋也是品牌推广的另一种形式。

2

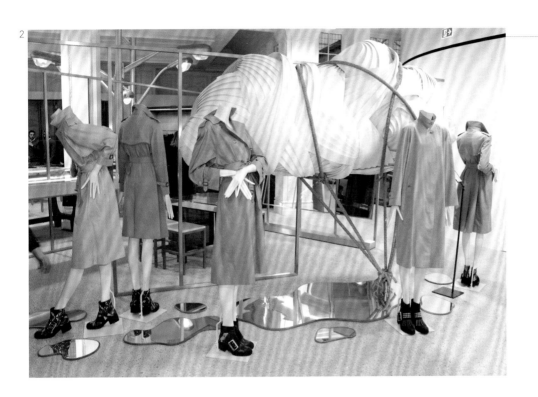

● 2 多佛（Dover）市场的商业街
设置于伦敦赫马基特多佛市场商业街的纸质雕塑，位于巴宝莉销售区，由马克瑞工作室（Makerie Studio）制作。

时装工作室

拥有足够资金的设计师会开设自己的时装工作室或店面，这样，设计师可以以最纯粹的方式为顾客展示他们的服装。他们完全可以按照自己的方式去进行营销和陈列，也可以将他们的货品用独特的方式包装，并且培训店员以更好的方式来销售服装。能够成功展示产品的店铺可以使顾客一走进店内就能有一种全方位的体验。当然，店铺应该选择开在最适合展示品牌完整形象的地点，这一点很重要。

2016年，日本时尚品牌"像男孩一样"将它在多佛市场商业街的分店设置在了英国赫马基特广场上、被列入遗产名录的建筑里。店铺里的每一个品牌都拥有设计自己销售场地的自由。"像男孩一样"的设计师川久保玲希望店铺可以创造出一种世界顶级的设计师都汇集于此的感觉，以一种激发灵感的个性化效果氛围来售卖他们的服装。这个店铺看起来更像是一个画廊，而非时装工作室。

网络

在时尚行业中，拥有一个网站可以突显出时装公司的实力，并且使自己更有亲和力。它可以提供有关品牌的信息，包括设计师介绍、最新发布的产品图片、股东的名单等。网上销售作为新的卖点，逐渐变得越来越流行，因为它可以使消费者便捷、高效地买到货品。在网上销售时，需仔细考虑送货时间和如何管理退换货。

贩卖生活方式

为了获得更高的附加值，在品牌原有的时装产品线以外，大品牌还会设立其他产品线来生产不同类型的产品，以满足不同市场定位和生活方式的消费者的需求。许多时装设计师和设计公司开始生产手提包、行李箱、小型皮具、鞋子、手表、珠宝首饰、领带和围巾、晚礼服、香水、彩妆、护肤品和家居装饰产品。范思哲、保罗·史密斯、普拉达、古驰都是贩卖生活方式的设计师品牌。阿玛尼首家阿玛尼酒店也在2010年于大阪开业了。

一些品牌发展它们的二线品牌是以年轻消费者为定位人群的，主要生产一些比主打产品更低廉的物品。麦克奎恩在2006年秋冬米兰时装周上推出了它的二线品牌McQ。克罗耶（Chloe）的二线品牌被称为See by Chloe。然而，近来，这些副线品牌相继被砍掉——表面上看是设计师可以将注意力集中在他们的主线上，或者也许是由于市场经济的变化造成的。马克·雅克布斯（Marc Jacobs）的二线称为Marc by Marc Jacobs，在2015年关闭。

许多设计师也会为商业街的店铺设计一些系列产品。这些系列设计不仅对于设计师十分有利，而且也有助于吸引消费者进店购物。设计师将自己的名字资产化，并以此带来更多利润，这无疑是一个明智之举。这些产品具有与设计师主线品牌相似的一些特点，但是会使用一些相比较更廉价的面料和工艺，这样才能让人买得起。一些店铺以这种方式和设计师合作开发一系列设计师线路产品。

品牌的重新定位

一个对时尚的轮回能真正把握、独树一帜的品牌应该是可以被重新定位的，以此来补充新鲜力量。由专家和设计师组成的团队可以将品牌进行重新定位、重新设计，并成功推广到更为年轻化、时尚感强的人群中去。

1997年，巴宝莉吸收罗斯·玛丽·巴拉威（Rose Marie Bravo）作为执行总裁，并将这个品牌变得更加年轻化和更平易近人。它启用了克里斯托弗·柏雷（Christopher Bailey），成功进行了新产品的发布，并委托凯特·摩丝（Kate Moss）作为广告代言人开始新的广告大战。与之相似，汤姆·福特（Tom Ford）入主古驰，并直接把它又变成了一个时尚公司和超级大牌。

巴伦夏加在同一年启用了尼古拉斯·贾斯奎瑞（Nicolass Ghesquière），将品牌引向了更为年轻、充满活力的市场。巴伦夏加曾是巴黎顶级时装品牌之一，如今也是一个非常有影响力的时尚品牌。现任的巴伦夏加的创意总监是维特萌茨的设计师德玛娜（Demna Gvasalia），继续推动该品牌的正常运作。

3

"在你打破规则之前，你必须
先了解规则。"
——亚历山大·麦克奎恩

● 3 巴伦夏加
从其2016/2017秋冬系列中可以
看出，巴伦夏加开始重新定义其
品牌风格来吸引年轻市场。

时装设计师：巴里·格尔杰（Barry Grainger），添柏岚（Timberland）

1 添柏岚
添柏岚2016春夏系列的夹克设计。

自由职业者，但在硕士毕业后，我在日本买手和经销商的帮助下，开创了自己的品牌。六年后，我在阿卡狄亚做高级设计师，但这之后在洛杉矶担任一家小型生态公司的设计主管。然后我转向教育行业，在进入添柏岚前，我在金斯顿大学教授了两年的时装设计课程。

您平日的工作是什么？

我每天的工作都会有所不同，但会议非常多。一般都是从跟进我的团队开始，看看他们新季度的进展情况。然后检查产品，看看时令产品。然后我可能有个特别的项目会议，我们将在会议上讨论一些正在做的支线任务或产品。在这之后，我会和我的经理坐下来讨论较高层次的业务问题和在任务截止日期前处理一些重要事项。基本上，这就是我的一天。

您做的系列包括哪些？您一年制作多少个系列？

我们每季做三个主要系列，男装主线、女装主线和添柏岚工厂打折线路。然后我们也有特定经销渠道的特别项目，目前相当于每年多出6个度假线路产品。

你们在哪里展示系列呢？

我们一直在柏林的"面包和黄油"日常服装和街头服装展上展示，下一季将在佛罗伦萨男装展上展示。

设计一个系列，你们一般从何入手？

我们有很多集体讨论会，我尽量让团队有多些时间去思考，而不是只是考虑时尚本身。一般来说，我们会从大型潮流机构中根据我们的需要获取资讯信息，我们领先于他们的日程表，常常是非常超前的（领先于市场两年）。但作为一个团队，我们会观摩所有的主流男装秀，也会在全世界考察季节性市场销量。与此同时，我们也会买一些可以启发灵感的样衣和书籍，或是一些物品。

一旦我们采集了所有这些信息，我会给团队布置一系列的设计练习，让他们思考如何从我们目前所处的位置，延伸出他们所要的设计品类。随后，鞋类饰品与服装部门的所有设计主管都会在新罕布什尔州（New

时尚档案

巴里·格尔杰拥有英国伦敦皇家艺术学院男装硕士学位。毕业后，他在日本买手和经销商的帮助下，开创了自己的品牌，之后他在阿卡狄亚（Arcadia）和洛杉矶的一家主张生态环保的公司从事设计职务。2012年，在格尔杰转入添柏岚工作之前，他一直在金斯顿大学（Kinsdon University）教授时装设计课程，但他现在是添柏岚全球男装和女装的设计经理。添柏岚是全球户外服装和鞋类的制造商和零售商。

您的职位是什么？

添柏岚全球男装、女装设计经理。

您的职业生涯一路是如何发展而来的？

我其实经历了很多。我一开始是

2-3 添柏岚
添柏岚2016/2017秋冬系列作
品展示。

Hampshire）的斯特拉汉（Stratham）总部会面，探究初步设计概念和该季度可能会运用的主要技术（以面料为主的技术），从中可以推衍出我们的主要故事。然后我们回到团队中，开始把头脑中的设计方案画到纸上。

你们从哪里采购面料？

我们拥有专业的面料团队，他们会参加世界各地的各大面料展会，同时我们自己也会研发大量的面料。做为VF公司的一部分，我们可以有机会接触到VF的所有品牌，可以看到北面（The North Face）和万斯（Vans）品牌，看看它们有哪些开发创新，以供我们选择。

您的工作需要具备哪些基本素养？

能鼓舞、指导、激励和指挥。如果你无法与团队志同道合，他们只知道反对你，那你就完了。

最简单的，我认为你必须先向你的团队表明，你不仅能理解他们的工作，也期待他们会以一种你想象不到的方式想到特别的点子。

您的工作是否充满创造性？

虽然我现在极少亲自设计，但我确实感到我的工作非常有创造性。多年来，我发现在设计调研的过程中最能激发我的潜力。我喜欢做调研，收集新点子和灵感，汇聚一切，从而激发我的团队对新一季设计的兴趣。因为有了全方位的调查研究，他们会感觉一切皆有可能。我喜欢看他们如何把自己的概念或想法带到生活中，同时也希望可以对他们更好地表达设计理念有所帮助。

您与什么样的团队一起共事呢？

我有一个难以置信的出色的团队，他们在各方面都拥有很棒的专业知识。他们已为国际上一些很多著名的品牌工作过。其实这将有利于使我们的工作开展得更加顺利。

您的工作的最好和最坏的部分是什么？

为全球品牌工作，我常常需要旅行。有时这会很难，但整体来说，我感到非常幸运，因为有人为我的旅行和体验以及我想做的事情买单。但不幸的是，工作中会遇到很多挫折，比如会议太多，有时不得不对很棒的理念妥协。

您给想在时尚领域工作的人怎样的建议？

如果可能的话，攻读一个学位，比如读到硕士学位。我在皇家艺术学院攻读硕士的时光是最美好的体验，我向每个人强烈推荐。我也建议得到尽可能多的工作经验。市场的竞争力是非常激烈的，在求职时，任何经验都很重要。能花时间去大家认可的品牌中学习就是经验，无论你是什么职位。

时装设计师：艾伦·汉弗莱·班纳特（Alan Humphrey Bennet），保罗·史密斯（Paul Smith）

您的职位是什么？

我是保罗·史密斯皮革制品的高级设计师。

您的职业生涯一路是如何发展而来的？

在获得学士学位之后，我决定专注于饰品设计。我花了两年的时间在伦敦获得更多工作经验，然后在皇家艺术学院开始攻读饰品硕士学位。在完成课程时，我通过了面试，直接开始在一家大型皮革制品公司工作。

您平日的工作是怎样的？

一般来说，一天我需要负责很多事项的布置与安排：

- 总体设计规划。将包含汇总新的研究想法，绘制理念，制作实物模型，选择色彩和材料。
- 材料的研发。我与我们的材料研究员紧密合作，他们将联系制革厂和制造厂以找到适合我们项目的材料。
- 通过电子邮件或电话与工厂和供应商进行联络。
- 给团队布置工作以确保顺利实行日程表进程，同时给设计师助理安排好个人拓展企划工作。
- 会议可包括设计概念会议，以图像、产品和材料为主的筹备展示会等，关注销售业绩和品牌战略的会议、公司内部跨品类会议。

▷ 1-2 保罗·史密斯
保罗·史密斯2017春夏系列中的手袋设计。

您做的系列包括哪些？您一年制作多少个系列？

我们一年做四个系列和两个T台展示秀系列。一般来说，我们每个系列开发10~20个新款手袋。

在哪里展示系列？

商业系列将在我们世界各地的七大展示间（Show Room）展出，以及在巴黎男装周上的两次时装秀上展出。

设计一个系列，你们一般从何入手？

灵感可以来自伦敦以及在日本旅行途中见到的复古市场和店铺。我们从设计、艺术和电影的世界找到相关图像和参考。保罗（Paul）自己的办公室里也会保留着大量个人喜爱的物品，图片和书籍档案等。这些参考点

时尚档案

艾伦·汉弗·莱班纳在密德萨斯大学攻读时装学士学位时，对饰品十分感兴趣。他意识到他对做饰品的兴趣比为目标人群定制服装的兴趣更高。于是，他继续在皇家艺术学院学习男装饰品，他在那儿学会了如何制作手工袋。从皇家艺术学院毕业以后，艾伦曾为巴利（Bally）巴宝莉和保罗·史密斯工作过。

2

创造了丰富的想象力，以确保我们设计的产品总是体现保罗个人的品味和个性。它是一个将品牌的调性、商业团队的影响力及当下行业内的背景融合在一起的时尚混合体。

您从哪儿采购面料？

一般从意大利和远东采购皮革和面料。

您的工作需要具备哪些基本品质？

无可厚非，创造力和激情是时尚工作的起点。其次是好的组织能力。因为我们的工作涉及多个不同的产品类别，比如每组手袋由很多独特的材料组成，衬里、硬件等，对这些物料的所有需求管理，我都需要在与保罗·史密斯、外部供应商的沟通中不断更新。我所学到的重要一课，就是必须非常专业地去应对系列的所有变化。在开发过程中，会因为设计本身或商业原因，发生很多的变化。学会接受这些变化，不要太纠结于这些事，这是很重要的。时刻记住，也许你做了大量的工作，但是出于对系列的整体考虑，仍有可能将其删掉。

您的工作是否充满创造性？

我的工作非常具有创造性。我花了大部分的时间画图、做东西，以一种视觉化的方式工作。然而，这种创造性与我在学校里学到的截然不同。在学校里，你不断尝试提出你自己的观点，给出不同看法。在这里，你要创造性地思考品牌，不断与别人的审美观融合来推动品牌。你自己的个人

创造力已经成为你在任何时候都能用得到的工具。

另外要说的是，会有大量工作围绕电子邮件和通信交流展开。这些工作可以确保整体运营和沟通的顺利开展，因此是非常重要的，所以你需要非常擅长这些。

您和怎样的团队工作？

我们的皮革制品总部有三名设计师。

您的工作的最好和最坏的部分是什么？

最好的部分是我能不断向身边的人学习。我喜爱工作旅行，使我有机会和世界各地非常有才华的人在一起工作，并一起发现新的未知领域。最坏的事情是一直在搬家。

您想给在时尚领域工作的人怎样的建议？

趁你还在学校的时候，尽量多尝试一些东西。在饰品行业，因为有太多不同的领域，所以公司还是比较欣赏见多识广的人。所以，在学校学习时尽可能多多尝试，这个过程可以使你们了解配饰品如何在现实生活中发挥作用。另外记住，人们很难在时尚行业找到理想的工作，你需要做的就是尽可能地从你的现状中学习摸索，找到使自己快乐的方式——因为工作不会让你快乐。

3-5 保罗·史密斯

保罗·史密斯在2016年巴黎时装周上展示了2017春夏手袋系列设计。

系列拓展练习

在本章中，我们已经了解了多种不同形式的服装分类。了解你为之设计的市场类别，并且确定你的目标市场是非常重要的。

设计一个系列是一回事，但如何推广你的系列则是另外一回事，它可能决定着系列本身的成功与失败。在服装行业，公司的品牌化和形象是非常重要的。所以，下面让我们来看看，究竟可以通过哪些步骤来塑造新的服装品牌。

1-2 里维斯品牌的时尚广告
该里维斯品牌的时尚广告大片是由肯特·贝克尔（Kent Baker）拍摄的，该大片中并没有出现明显的品牌Logo，而依赖的是观看者对品牌特点的熟悉感。

练习1

在此练习中，你将拓展你的品牌形象。首先，找一个你感兴趣的时装品牌进行初步的调研。看看他们销售什么种类的产品？他们如何推销自己？他们的"形象"是怎样的？

■ 考虑一下你想创造的品牌类型。它是属于哪个级别？产品类别是什么（是否是高端定制、牛仔或者是童装）？考虑你的市场目标定位。谁会对你的服装感兴趣？他们是什么样的人？他们看上去是怎样的？他们会对什么样的形象有所反应？

■ 现在拿出两套可以表达出你的品牌形象的服装。这两套服装可以是从旧货商店、二手店买来的，也可以是你自己做的服装。其次，对产品画册、网页样式和杂志折页中的时尚摄影风格进行详细研究与调研。思考一下在这些背景中，模特是怎样设置的？它们的风格是倾向于群体还是倾向于个人？摄影师是否运用了有趣的色彩或版式？将你的调研整合为一个情绪板。

■ 考虑好你将选用的模特类型。他们穿上你所设计的服装是不是很理想？他们是否与你的目标受众具有一定的关联性？可以做些发型和妆容的调研。你会选择与你的目标市场相关和向往的场景吗？还是说你会选择在工作室拍摄？需要提醒的是，发型、妆容和场景都不要盖过服装的风头。

■ 从你拍摄的大片中选择两张最能表达你品牌形象的照片。

练习2

现在你将开始为你的品牌设定品牌名称和视觉形象。你的品牌叫什么？品牌命名是具有持久性，还是你会很快就厌烦它？与此同时，对品牌理念、图形、字体、吊牌和标签做一些调研。看看当今时装和其他产品品牌化的现有例子。根据你的发现制作一个情绪板。

■ 从你的调研和你拍摄的两张照片中，创作一个适用于全新的时装品牌所有推销活动的图形设计。你会使用文字和图像，抑或只使用文字？你需要考虑字体、风格、大小、色彩和版式。切记：你所创建的品牌化设计，不应该只限定于一个季度或系列，它需要在该品牌的"有生之年"一直适用。

■ 确保你所创建的图形既适用于贴缝于服装领后（放在零售服装上的）的布质标签，也适用于服装的吊牌。同时考虑用何种材料来制作。纸质的品质如何？是需要印上文字还是加上线迹？

练习3

最后，你需要把这些设计融合进你的产品画册中。将你在练习2中选出的摄影大片以一种数字化的方式运用其中，将这两张图片和你设计的品牌标识进行认真排版，就仿佛在制作产品画册中的一个对开的折页。

附录

　　本书审视了时装设计的基本元素，并探究了完成一个系列设计所经历的各个环节。本书将调研引入了设计的进程中，探索了面料的基本性能、表面再造和装饰手法，探讨了纸样裁剪与结构设计的基本原则。时装设计是所有这些元素的整合。

　　一名好的设计师需要了解适合自己的设计方法，并能够与其他人交流各自的想法。设计师需要对面料的性能和潜在用途有所了解，并具备一些制作服装的知识。设计师不能孤立地工作，为了取得成功，需要与除时尚行业外其他领域的从业者打交道，当然，一名好的设计师也没有必要成为最好的公关人员或者造型师。

　　作为一名设计师，提升自己的方法就是通过练习和重复增加自己对服装的知识与理解。同样重要的是，从时尚行业的从业者那里获得关于你的作品的反馈。这可能来自导师或其他设计师，但这对设计师的成长至关重要。把这些和尽可能多地参与的实习结合起来，会提高你对时尚行业的认识和理解，你的工作经验也可以添加到你的简历中。

　　作为一名设计师，你需要花一些时间来发现你自己是谁，一旦你发现了，就去拥抱那个人吧。与任何创意产业一样，时尚关乎个性。你作为独立设计师能够取得成功，或者受聘于一个时尚企业，正是因为你提供了——只有你——才能提供的东西。不要害怕去尝试和挑战传统，时尚包含着——也需要着——不断改变，没有创新，它将注定只能一遍又一遍地重复流行趋势，然后将自行毁灭，在缺乏灵感的时刻这一点是可以看到的。你要对时尚行业中的道德问题有深入了解——因为它正逐渐成为一个快速增长的领域。找出那些对你来说很重要的东西，并在可能的方面将它们应用到你的实践中。

　　我们希望你能在这本书中找到很多激励你的东西，并能回到本书中来，就像我们在创作这本书时所感受到的鼓舞和激励一样。

　　我们希望你可以享受未来在时尚界的职业生涯！

在线资源

在线博客和时尚杂志

另一本杂志（AnOther Magazine）/另一个人（Another Man）

这是由《另一本杂志》和《另一个人》的创立者提供的具有挑战性的数字产品，涵盖了时尚、美容、艺术和摄影。

anothermag.com

时尚商务（Business of Fashion）

《时尚商务》将时尚市场分析和商业情报结合在一起，以一种通俗易懂的语言，关注奢侈品品牌、时尚先锋以及传播、营销和消费时尚方面的新趋势。

businessoffashion.com

酷猫（Cool Hunting）

该网站拥有一支全球性的编辑和撰稿人团队，他们筛选设计、技术、艺术和文化中的创新点来创作出优等的出版物，由每日更新和每周更新的迷你纪录片组成。

coolhunting.com

年少轻狂（Dazed & Confused）

《年少轻狂》杂志的在线主页，以年轻人、时尚评论、音乐、艺术和文化、社交媒体趋势以及所有与年轻人和数字化的事物为特色。

dazeddigital.com

车库杂志（Garage Magazine）

《车库杂志》为半年刊期刊，聚焦当代艺术和时尚领域的高端合作项目。它的在线展示是视觉灵感的一个很好的资源，同时还能与时尚和艺术相互作用、与时俱进。

garagemag.com

i-D

i-D创刊于1980年，当时是一本印刷刊物，如今的线上展示备受赞誉，被称为《街头快捕》。i-D继续为忠实的追随者提供时尚评论、报道、音乐、文化和社会评论。

i-d-vice.com

访谈（Interview）

这是一本美国月刊杂志，由艺术家安迪·沃霍尔（Andy Warhol）和英国记者约翰·威尔科克（John Wilcock）于1969年创办的，并且这样形容自身为："时尚界、艺术界和娱乐界最具创意的人才之间的对话。"最初聚焦于名人，现在的访谈则侧重于世界顶级的造型师、摄影师和艺术指导们的时尚评论。

interviewmagazine.com

它物志（Its nice that）

每日更新，该网页以艺术和设计各领域中的最新、最酷，或是最具创造性的创意理念为特色。它现在包括一年出版两期的纸质版，主办一系列的访谈和座谈会。

Itcnicethat.com

爱（Love）

这本以时尚、风格和文化为特色的半年刊英国杂志，由康泰纳仕（Conde Nast）出版社出版，引领了时尚报道的方向，其网站则涵盖了与时尚派对、专题特色和后台花絮等视觉效果和趣味图片相关的时尚报道。

thelovemagazine.co.uk

紫色（Purple）

这是该法文出版物的网页版，与半年刊的出版物一样具有叛逆性，涵盖了时尚、建筑、艺术、音乐、夜生活以及旅游等领域。最初是作为一本反时尚、反文化的出版物创建的，《紫色》是一个久负盛名的时尚和风格的出版物，仍然保留着不羁的态度。

purple.fr

自助服务（Self Service）

这是巴黎的半年刊的杂志，主要以高端时尚报道以及对世界顶级的时尚杰出人物的访谈为特色。网页是一个引领时尚和高水平策展的、与印刷版出版物并行的副刊。

selfservicemagazine.com

SHOWstudio

SHOWstudio是一个备受赞誉的时尚网站，由时尚摄影师尼克·奈特（Nick Knight）创建。它与世界上最受欢迎的电影制片人、作家和文化名人一起来打造具有梦幻色彩的在线资讯，通过动图、插画、摄影以及书写文字来探索时尚的各种层面。

showstudio.com

Style.com

Style.com是一个由康泰纳仕集团创办的具有极强综合性的时尚资源网站。它主持着系列发布的顶级报道，可以通过季节、设计师和趋势进行搜索。该网站提供完整的时装秀报道（视频和照片还在时装秀结束后立即在网上发布）、名人风格的内幕、潮流报告、专家建议以及最新的时尚新闻。

style.com

时尚泡泡（Style Bubble）

苏西·刘（Susie Lau）的时尚博客和网站已经成为时尚界的代名词，成为主流时尚媒体和设计公司最先选用的时尚博客之一。来自她在秀场前台的博客可以为当季重要展示提供快速和即时的访问，同时还包括展示新晋人才。

stylebubble.co.uk

酷一族（The Cool Hunter）

《酷一族》以赞扬所有当代具有创造力的表现形式为特色。《酷一族》在一切富有创造力的事物方面具有权威的引领地位，并且在最酷的、有思想的、具有创新性的和原创性的方面，成为全球的中心。

thecoolhunter.co.uk

时尚街拍（*The Sartorialist*）

《时尚街拍》采集的是纽约和巴黎街头的街拍图片。主要关注的是他们所穿着的服装以及当地所坐落的店铺。街拍图片配有尖锐而简短的点评。

thesartorialist.com

*V*杂志

*V*杂志于1999年9月创刊，是作为限量版的季刊《远见者》（*Visionaire*）的更为年轻的姊妹刊物。*V*杂志是以大幅和更具视觉效果的画面为特色的，不仅应用于印刷物中，而且在线网页中也一样。来自时尚、音乐以及艺术，包括时尚报道、视频和在线的独家单品。

vmagazine.com

《时尚》（*Vogue*）（英国版，UK）

《时尚》在线是一个英国版月刊的网页版。涵盖了专题报道、每日新闻、采访和工作机会。

vogue.co.uk

《时尚》（*Vogue*）（意大利版，Italia）

《时尚》杂志的意大利版为康泰纳仕集团所拥有，是最前卫的时尚杂志之一——包括前卫的评论和走秀、趋势、美容和名流。在线版本也以展示毕业生的系列设计为特色。

vogue.it/en

WGSN

WGSN意为有价值的全球时尚网络，为时尚行业提供在线新闻、趋势和信息服务，

wgsn.com

仙境（*Wonderland*）

半年刊的印刷版时尚出版物的在线版，记录了流行文化，包括时尚、艺术、电影以及音乐和文化。以男女装兼有的时尚报道和评论为特色。

wonderlandmagazine.com

WWD

*WWD*是美国零售商每日新闻《每日女装》（*Women's Wear Daily*）的免费在线版。它提供了头条、分类的广告，并与之关联的其他站点以及订阅细节，加之完整在线版的预览。

wwd.com

有用的网站

色彩组合（Color Portfolio）

色彩组合主要提供色彩、趋势以及与市场营销公司沟通相关的全套服务。你可以在线购买他们的色彩展示卡。如果你想要寻找个性化的色彩和概念研发，他们也提供在线的服务。

colorportfolio.com

棉股份有限公司（Cotton Incorporated）

对纺织品感兴趣吗？你可以在这个网站获取海量信息。棉股份有限公司是一个旨在通过高附加机制的项目和服务提升美国以及世界各地的生产商、工程、制造商和零售商对棉制品的需求及盈利性。

cottoninc.com

服饰艺术廊（Costume Gallery）

服饰艺术廊是一个拥有40000多个页面和85000张图片等海量信息的网站，主要面对学生、设计师以及那些在纺织加工生产与研发领域工作的人们。

costumegallery.com

埃莱纳·西代里合伙股份公司（Ellen Sideri Partnership Inc.）

该公司是一个提供流行趋势分析、色彩预测、品牌设计、零售店铺设计和网页顾问等的时尚资讯公司。

esptrendlab.com

打造道德产业（Fashioning an Ethical Industry）

打造道德产业公司主要提供与"品牌标签项目背后的劳动力"相关的时尚课程，使学生和指导教师能够对全球服装行业的概况有一个整体认识，从而提高对当前公司实践的认识和行为，并且激发学生——作为下一代的行业玩家——提高未来时尚行业中工人的薪资标准。

fashioninganethicalindustry.org

时尚网络（Fashion Net）

该网站提供时尚新闻、设计师传记以及T台发布会，还包括有用的时尚网站、在线杂志以及设计网站等链接。你也可以在网站上购买和销售产品。

fashion.net

时尚观察（Fashion Monitor）

从全球化视野收录了英国的时尚行业名录，包括时尚和流行出版物、公共关系机构以及流行风格和模特机构的细节，提供每日时尚公告。这是企业信息和工作的巨大资源，还包括联络细节。这里只提供订阅服务，但是一些教育机构拥有学生许可证。

fashionmonitor.com

时尚之窗（Fashion Windows）

很棒的网站！涵盖了时尚趋势、T台发布会、时尚评论、设计师和模特等延伸列表。可以发现时尚界最新的新闻和视觉图片以及视觉营销的海量信息。一些资讯只

对注册用户开放，很方便实用。
fashionwindows.com

全球化色彩（Global-color）

全球化色彩是一个为时尚和室内设计行业提供色彩选择解决方案的预测公司。拥有海量的色彩资讯和灵感。他们的优质图片有非常方便的使用格式。他们的产品可以在线订购。
global-color.com

书（Le Book）

《书》为时尚设计师、化妆品公司、广告机构、艺术总监、杂志、摄影师、时尚造型师、妆型艺术家以及发型设计师提供绝佳的流行趋势和灵感资源的书籍。在网站上有售卖。这里也有海量的联络名录列表。
Lebook.com

意大利时尚（Moda Italia）

Modaitalia.net是一个时尚搜索引擎，可以帮助你发现你所想要的资讯，从时尚、纺织、美容到生活方式等领域。
modaitalia.net

娜丽·洛蒂（Nelly Rodi）

这是一个流行趋势咨询公司，主要聚焦于色彩、面料、印花、针织、内衣、美容和时尚。在网站上可以找到他们的流行趋势书籍。除了趋势调研，他们还提供出版和组织事务的交流服务。有法语版和英语版。
nellyrodi.com

潘通股份公司（Pantone Inc.）

完美展示，轻松导引。潘通提供跨行业的色彩体统和技术。他们已经制作出了诸如"色彩搭配体系"的色彩标准的扇形册子。

这主要用于在以色彩为核心技术的行业中进行色彩选择、制定、搭配和色彩控制，包括纺织品、数字化技术和塑料。你可以在线进行所有东西的购买。
pantone.com

巴黎贝克莱尔（Peclers Paris）

巴黎贝克莱尔对大的时尚咨询公司提供款式和产品，并做推广和咨询沟通。贝克莱尔的趋势书籍是非常有名的，但是并不是所有国家都能在线购买。
peclerparis.com

普罗摩斯特尔资讯公司（Promostyl）

普罗摩斯特尔是一个以流行趋势调研为主的国际化的设计机构。在他们的网站上可以找到售卖的书籍和产品。他们在巴黎、伦敦、纽约和东京设有办公室。
promostyl.com

沙嘉·帕琦（Sacha Pacha）

这是一个为时尚产业提供服务的巴黎人的时尚衣橱。他们提供独家的系列设计和个性化的流行趋势咨询。该网站中的《沙嘉·帕琦》趋势书籍有男装、女装和青少年服装。
sachapacha.com

Styloko

Styloko是一个与款式、时尚和购物相关的英国金融网站，一群对时尚痴迷的编辑团队搜寻和跟随世界各地的流行趋势、最热门的款式——交易与产品——并且将它们以一种被人理解的方式传递出去。该网站旨在将全球时尚融合于英国当地的购物中。
styloko.com

色彩协会（The Color Association）

该协会提供美丽的色彩并配以很酷的图形。CAUS是美国最早提供的色彩预测服务的组织。自从1915年，他们已经开始为各行各业提供色彩预测的资讯，涵盖了服装、饰品、纺织品和家居领域。此外，各行业的专家对他们所发现的灵感进行评论，并且讲解这些灵感来源如何影响色彩流行的趋势方向。你必须来成为会员才能获得资讯。
colorassociation.com

趋势聚焦（Trendzoom）

趋势聚焦早前以时尚资讯而闻名，是一本以订阅为主的网站，拥有国际服装趋势的海量资源。给订阅用户的报告包括了更新的T台趋势并附有插画、图片和色卡等细节。
trendzoom.com

视觉营销与店铺设计

这是提供给视觉营销者、店铺规划者、建筑设计师、服装设计师和室内设计师的订阅网页和行业杂志。涵盖了最新的工艺、技术、趋势和设计，以及贸易展示的更新报道。
vmsd.com

时尚贸易展

www.informat.com
www.magiconline.com
www.pittimmagine.com
www.premierevision.fr
www.purewomenswear.co.uk

学生资源

英国联络

英国时装协会（British Fashion Council）

www.londonfashionweek.co.uk

英国时装协会组织伦敦时装周和英国时尚大奖。BFC与英国顶级时装设计学院通过学院论坛取得紧密联系，该论坛成为了行业与院校沟通的窗口。

时尚意识引导（Fashion Awareness Direct）

www.fad.org.uk

一个致力于通过带领学生与企业共同参与的推介活动，辅助年轻设计师在时尚领域取得成功。FAD时尚大赛为年轻人提供进一步发挥他们创造力和实践技能的机会，将文化调研融合到他们的工作中，最后将他们的成果展示给企业和媒体。

时尚之都（Fashion Capital）

www.fashioncapital.co.uk

时尚之都旨在为所有领域的服装和时尚企业提供一站式在线资源支持。

时尚联盟（Fashion United）

www.fashionuntied.co.uk

Fashionunited.co.uk是英国为时尚行业提供的一个商业对商业（B2B）的平台。它提供所有与时尚相关的网站与资讯，最新的时尚新闻和时尚职业中心（Fashion Career Centre）。时尚职业中心列出了时尚行业内当前的工作需求，在申请方面提供建议，并提供免费的时事资讯的订阅。

伦敦毕业生时装周（London Graduate Fashion Week）

www.gfw.org.uk

伦敦毕业生时装周作为一个论坛首次在1991年发布，用来展示英国本科毕业生中非常优秀的设计天才的作品。

美国联络

美国时装设计师协会（Council of Fashion Designers of America）

www.cfda.com

美国时装设计师协会是一个非营利的商业组织，它由400多名美国一流的女装、男装、珠宝和饰品设计师以会员制形式构成。

纽约区域服装联盟（The Garment District NYC）

http://garmentdistrictnyc.com

纽约区域服装联盟旨在提升曼哈顿服装区域的生活品质与经济活力。

潘通色彩学院

www.pantone.com

欧洲联络

摩德姆（Modem）

www.modemonline.com

这是一个从欧洲人的视角对时尚和设计给予整体概览的信息资源。

英国皇家艺术、制造和商业管理学会（Royal Society for the Encouragement of Arts，Manufacturers & Commerce）

www.thersa.org

英国皇家艺术、制造和商业管理学会每年一度的学生大奖计划，其设计方向提供了一系列具有挑战性的项目，这些项目将会探讨设计师在与社会、技术和文化相关联的角色扮演方面所发生的改变。

职业/工作经验联络

前景展望（Prospect）

www.prospect.ac.uk

职业建议部分对于毕业生充分利用他们的学位、拓展他们的职业来说是一个非常有价值的资源。无论任何专业的毕业生，寻找哪一种类别的职业引导，该网站都可以提供全面的、深入的职业建议。

面料及装饰

英国

布罗德威克丝绸（Broadwick Silks）

www.broadwicksilks.com

布料屋（Cloth House）

www.clothhouse.com

克莱恩（Kleins）

www.kleins.so.uk

VV Rouleaux

www.vvrouleaux.com

美国

M&J 装饰（M&J Trimming）

www.mjtrim.com

纽约优雅面料（New York Elegant Fabrics）

www.nyelegant.com

金箔贸易公司（Tinsel Trading Co）

www.tinseltrading.com

课程

英国

中央圣马丁艺术设计学院(Central Saint Martins College)
www.csm.asts.ac.uk

时尚零售学院（The Fashion Retail Academy）
www.fashionretailacademy.ac.uk

金斯顿学院(Kingston University)
www.kingston.ac.uk

伦敦时装学院（London College of Fashion）
www.fashion.arts.ac.uk

曼彻斯特城市大学（Manchester Metropolitan University）
www.artdes.mmu.ac.uk/fashion

密德萨斯大学（Middlesex University）
www.mdx.ac.uk

诺斯布鲁克大学苏赛克斯（North College Sussex）
www.northbrook.ac.uk

诺丁汉特伦特大学（Nottingham Trent University）
www.ntu.ac.uk

拉文施伯恩设计与传播学院（Ravesbourne College of Design and Communication）
www.rave.ac.uk

皇家艺术学院（Royal College of Art）
www.rca.ac.uk

布莱顿大学（University of Brighton)
www.brighton.ac.uk

威斯特敏斯特大学（University of Westminster）
www.westminster.ac.uk

欧洲

罗马时尚与服装学院（Accademia di costume e moda）
www.accademiacostumeemoda.it

阿姆斯特丹时尚学院（Amsterdam Fashion Institute）
www.amfi.hva.nl

多莫斯设计学院（Domus Academy）
www.domusacademy.com

ESMOD
www.esmod.com
www.esmod.de

弗兰德斯时装学院（Flanders Fashion Institute）
www.ffi.be

荷兰皇家艺术学院（Gerrit Rietveld Academie）
www.gerritrietveldacademie.nl

安特卫普应用科学大学，时装系（Hogeschool Antwerp，Fashion Department)
www.antwerp-fashion.be

恩塞尼安扎艺术学院（Institucion Artistica de Ensenanza, IADE）
www.iade.es

法国时装学院（Institut FranĆais de la Mode）
www.ifm-paris.com

欧洲设计学院（Instituto Europeo di Design）
www.ied.es

马兰欧尼学院（Instito Marangoni）
www.institomarangoni.com

艾萨时尚学院（Isa Academias de Modas）
www.academiasisa.com

坤斯坦现代艺术博物馆（Kunsten）
www.artez.nl

巴黎帕森斯（Parsons Paris）
www.parsons-paris.com

贝儿科工作室（Studio Bercot）
www.studio-bercot.com

美国

美国旧金山艺术大学（Academy of Art University）
www.academyart.edu

时尚设计与营销学院
www.fidm.com

时尚技术学院（Fashion Institute of Technology)
www.fitnyc.edu

帕森斯设计学院（Parsons School of Design）
http://www.newschool.edu/parsons/

普瑞特学院（Pratt Institute）
www.pratt.edu

罗德岛设计学院（Rhode Island School of Design）
www.risd.edu

日本

东京文化服装学院（Bunka Fashion College）
www.bunka-fc.ac.jp

女子美术大学（Joshibi University of Art and Design）
www.joshibi.ac.jp

神户艺术工科大学（Kobe Design University）
www.kobe-du.ac.jp

万端设计研究所（Vantan Design Insitute）
www.vantan.com

博物馆和画廊

英国

巴比肯（Barbican）
www.barbican.org.uk

大英博物馆（The British Museum）
www.thebritishmuseum.org

当代应用艺术馆（Contemporary Applied Arts Gallery）
www.caa.org.uk

手工艺委员会（The Crafts Council）
www.craftcouncil.org.uk

设计博物馆（Design Museum）
www.designmuseum.org

时尚与纺织博物馆（Fashion and Textile Museum）
www.ftmlondon.org

巴斯时装博物馆（Fashion Museum Bath）
www.museumofcostume.co.uk

自然历史博物馆（Nature History Museum）
www.nhm.ac.uk

皇家艺术学院（Royal Academy of Arts）
www.royalacademy.org.uk

泰特现代艺术馆（Tate Modern）
www.tate.org.uk/modern

维多利亚和艾尔伯特博物馆（The Victoria & Albert Museum）
www.vam.ac.uk

美国

休伊特国家设计博物馆（Cooper-hewitt, National Design Museum）
www.cooperhewitt.org

洛杉矶郡艺术博物馆服装艺术廊（Costume Gallery, Los Angeles County Museum of Art）
www.lacma.org

大都会艺术博物馆服装学会（The Costume Institute, The Metropolitan Museum of Art）
www.metmuseum.org

时尚技术学院的博物馆（Museum at the Fashion Institute of Technology）
www.fitnyc.edu/museum

当代艺术博物馆（The Museum of Modern Art）
www.moma.org

所罗门古根海姆博物馆（Solomon R. Guggenheim Museum）
www.guggenheim.org

惠特尼美国艺术博物馆（Whitney Museum of American Art）
www.whitney.org

欧洲

法国卢浮宫博物馆（Louvre Museum）
www.louvre.fr

比利时安特卫普省时装博物馆（ModeMuseum Provincie Antwerpen（MoMu））
www.momu.be

法国里昂装饰艺术博物馆（Musée des Tissus et des Arts décoratifs de Lyon）
www.musee-des-tissus.com

法国奥赛博物馆(Musée de' Orsay)
www.musee-orsay.fr

法国装饰艺术博物馆（The Musée des Arts Décoratifs）
www.lesartsdecoratifs.fr

萨尔瓦托·费拉格慕博物馆（Museum Salvatore Ferragamo）
www.salvatoreferragamo.it

佛罗伦萨碧提宫服装艺术廊（Palazzo Pitti Costume Gallery）
www.polomuseale.firenze.it

米兰三年展（Triennale di Milano）
www.triennale.it

维也纳博物馆（Wien Museum）
www.wienmuseum.at

日本

神户时装艺术馆（Kobe Fashion Museum）
www.fashionmuseum.or.jp

东京服装学院（The Kyoto Costume Institute）
www.kci.or.jp

参考文献

西洋服装史（*A History of Costume in the West*）
弗朗西斯科·布切尔（François Boucher）
泰晤士&哈德森出版社，1966（平装），1996

亚历山大·麦克奎恩：野性的美丽（*Alexander McQueen: Savage Beauty*）
安德鲁·博尔顿（Andrew Bolton）
纽约大都会艺术博物馆，耶鲁大学出版社，2011

巴黎巴伦夏加（*Balenciaga Paris*）
（编）帕米拉·格尔宾（Pamela Golbin）
泰晤士&哈德森出版社，2006

夏奈尔（*Chanel*）
哈罗德·柯达和安德鲁·博尔顿（Harold Koda and Andrew Bolton）
纽约大都会艺术博物馆与纽黑文市和伦敦联合出版，耶鲁大学出版社，2005

川久保玲（*Comme Des Garçons*）
弗朗斯·格兰德（France Grand）
泰晤士&哈德森出版社，1998

设计师事实档案（*Designer Fact File*）
卡罗琳·蔻茨（Caroline Coates）
贸易工业部和英国时装协会（DTI and The British Fashion Council），1997

极致美丽：变形的身体（*Extreme Beauty: The Body transformed*）
哈罗德·柯达（Harold koda）
纽约大都会艺术博物馆，耶鲁大学出版社，2001

面料染色与印花（*Fabric Dyeing and Printing*）
凯特·威尔斯（Kate Wells）
康兰·奥科特普斯（Conran Octopus），2000

时尚品牌：从阿玛尼到Zara的品牌化设计（第三版）（*Fashion Brand: Branding Style from Amarmanito Zara, 3rd edition*）
马克·滕盖特（Mark Tungate）
柯根·佩吉有限公司（Kogan Page），2012

时装设计（第三版）（*Fashion Design, 3rd edition*）
苏·詹金斯·琼斯（Sue Jenkyn Jones）
劳伦斯·金出版社（Laurence King Publishing），2002

时尚：东京服装学院系列：18至20世纪服装史（*Fashion: The Collection of the Kyoto Costume Institue: A History from the 18th to the 20th Century*）
深井晃子（Akiko Fukai）
塔森出版社（Taschen），2002

装饰面料：时尚的当代纺织品（*Fashioning Fabric: Contemporary Textile in Fashion*）
仙蒂·布莱克（Sandy Black）
布莱克·道格出版社（Black Dog Publishing），2006

加里亚诺（*Galliano*）
科林·麦克道尔（Colin McDowell）
韦登菲尔德何尼科尔森公司（Weidenfeld & Nicolson），1997

高级女装（*Haute Couture*）
理查德·马丁和哈罗德·柯达（Richard Martin and Harold Koda）
纽约大都会艺术博物馆，1995

时尚如何运转：定制、成衣和工业化大生产（*How Fashion Works: Couture, Ready to Wear and Mass Production*）
加文·瓦德尔（Gavin Wadell）
布莱克威尔科学出版社（英国）（Blackwell Science (UK)），2004

伊莎贝拉·布洛（*Isabella Blow*）
玛蒂娜·林克（Martina Rink）
泰晤士&哈德森出版社，2010

让-保罗·戈尔捷（*Jean Paul Gaultier*）
法里德·彻诺伊（Farid Chenoune）
泰晤士&哈德森出版社，1996

朗万（*Lanvin*）
迪恩·里·迈尔塞宏（Dean L.Merceron）
里佐利出版社（Rizzoli），2007

雷·鲍威利：相貌（*Leigh Bowery: Looks*）
费格斯·吉尔（Fergus Greer）
维奥莱特特别版（Violette Editions），2002

雷·鲍威利：偶像的生活和时光（*Leigh Bowery: The Life and Times of an Icon*）
苏·蒂利（Sue Tilley）
霍德和斯托顿出版社，1997

梅森·马丁·马吉拉，20：展（*Maison Martin Margiela, 20: The Exhibition*）
鲍勃·威尔赫斯特和卡特·德博（Bob Verhelst and Kaat Debo）
安特卫普时装博物馆（MoMu），2008

精通时尚采购和营销管理（*Mastering Fashion Buying and Merchandising Management*）
提姆·杰克森和大卫·肖恩（Tim Jackson and David Shaw）
帕尔格雷夫麦克米伦（Palgrave McMillan），2000

前卫时尚（*Radical Fashion*）
克莱尔·威尔考克斯（编）（（Ed.）Claire Wilcox）
维多利亚和艾尔伯特博物馆出版物（V&A Publications），2001

榜样：100位时尚设计师——010位策展人（*Sample: 100 Fashion Designers——010 Curators*）
英国菲登出版社（Phaidon），2005

幽灵：当时尚回归（*Spectres: When Fashion Turns Back*）
朱迪斯·克拉克（Judith Clark）
维多利亚和艾尔伯特博物馆出版物（V&A Publications），2005

针织艺术（*The Art of Knitting*）
弗朗索瓦斯·特列尔-洛玛格纳（FranÇoise Tellier-loumagne）
泰晤士&哈德森出版社，2005

玛切萨·卡萨提:缪斯画像（*The Marchesa Casati: Portraits of a Muse*）
斯科特·德·赖尔森和米歇尔·奥兰多·亚克力诺·艾布拉姆斯（Scot D.Ryersson and Michael Orlando Yaccarino Abrams），2009

新时尚店家：时尚与设计（*The New Boutique: Fashion and Design*）
尼尔·宾汉（Neil Bingham）
梅里尔出版社有限公司（Merrell Publishers Ltd.），2005

维维安·韦斯特伍德：不时尚生活（*Vivienne Westwood: An Unfashionable Life*）
简·马尔瓦赫（Jane Mulvagh）
泰晤士&哈德森出版社，1997

图片版权

Pascal Le Segretain/Getty Images: 4, 54 (fig 4), 132, 133

Roger Viollet Collection/Getty Images: 8

© kyriakos+kolette: 9

Victor Virgile/Gamma-Rapho via Getty Images: 10, 18, 27 (fig 2), 54 (fig 5), 55, 58, 71 (fig 2), 83, 97, 105, 111, 130 (fig 11), 161, 162, 163, 168, 185

Elisa Leonelli/REX/Shutterstock: 13

Carl Oscar August Erickson/Conde Nast via Getty Images: 14

Clifford Coffin/Conde Nast via Getty Images: 15

© Jill Wooster: 17

Photography by Andrew Perris, APM Studios: 19 (figs 2), 48, 52, 91, 94, 102 (fig 5), 108, 117, 118, 120, 122, 123, 126, 127, 130 (fig 12), 137, 139, 141, 142, 164

Dover Publications Ltd: 19 (figs 3 & 4), 40, 41, 82 (fig 3)

Charlotte Roden: 20 (fig 1), 59 (fig 5), 60(fig 1)

Panda Parker: 20 (fig 2), 33, 34, 35, 75

Youngmi Kim: 21 (fig 3), 22 (fig 6), 61 (fig 5)

Suan Kim: 21 (fig 4), 62 (fig 7)

Stuart Chapman: 21 (fig 5)

Siyang Meng: 22 (fig 7), 61 (fig 4)

Joanna Fongern: 22 (fig 8)

Sally Kite Norman: 23, 38, 39

Bénédicte Zuccarelli: 24, 65

Kimberley Crampton © Avant Garde Studio Ltd: 25, 64 (fig 11)

Courtesy of Louise Gray: 26

Antonio de Moraes Barros Filho/WireImage:27 (figs 1 & 3), 50, 53

Danny Martindale/WireImage: 28–29, 107

Gahee Lim: 30, 31

Victor Boyko/Getty Images: 36, 56

© Victoria and Albert Museum, London: 42, 43

Kristy Sparow/Getty Images: 44, 45

Mark Baker/Photoshot/Getty Images: 46

Richard Young/REX/Shutterstock: 47

Collection Groninger Museum (photographer: Peter Tahl): 49, 135

Peter White/Getty Images: 51, 130 (fig 10), 159, 190, 191

JP Yim/Getty Images: 57

Buket Ockay: 59 (fig 4)

Voranida Rujekitnara: 59 (fig 6)

Yuquing Lai: 60 (fig 2)

Ines Matos: 61 (fig 3), 62 (fig 6), 194

Emel Bakici: 63 (fig 8)

Kate French: 63 (fig 9)

Bronwen Marshall: 64 (fig 10)

Huangwei Huang: 66

Richard Sorger: 67, 102 (fig 6), 180, 181(fig 10)

Peter Jensen: 68, 82 (fig 4; photography © Autumn de Wilde), 171

Amy Gwatkin: 69

JP Yim/Getty Images for New York Fashion Week: 71 (fig 1)

FRANCOIS GUILLOT/AFP/Getty Images: 72, 73

Stefanie Nieuwenhuyse (photography © Lucas Seidenfaden for Vauxhall Fashion Scout): 76, 103 (fig 7)

© Elena Rendina: 78, 79

© Laura Jane Vest; © Eppie Conrad: 80

Kuyichi: 81

Collection of the Kyoto Costume Institute (photography © Richard Haughton): 85

Tim P. Whitby/Getty Images for Nike: 86

Keystone/Getty Images: 87

Adrian Dennis/AFP/Getty Images: 88 (fig 1)

Josh Edelson/AFP/Getty Images: 88 (fig 2)

Sibling (photography © Thomas Giddings): 92 (fig 5)

Randy Brooke/WireImage: 93

Kaoru Oshima (photography © José Manuel Arguelles): 95

Daria Ratiner: 96

Jenny Udale: 98

Michael Kampe: 99 (photography © Soonhyun Choi)

Tristan Fewings/Getty Images: 101, 125 (fig 15), 167

Stefanie Nieuwenhuyse (photography © Ezzidin Alwan): 103 (fig 8)

SSPL/Getty Images: 104

7 For All Mankind: 106

Kristy Sparow/Getty Images for Premiere Vision: 109

Current/Elliott: 112, 113, 115

Annie Ovcharenko (photography by Andrew Perris, APM Studios): 119

J. Braithwaite & Co. Ltd: 124, 125 (figs 11–14)

Bert Stern/Conde Nast via Getty Images: 129

Martin Bureau/AFP/Getty Images: 131

Guy Marineau/Conde Nast via Getty Images: 134

Gareth Cattermole/Getty Images: 136

Indianapolis Museum of Art/Getty Images: 138

Hue Wang: 140

& Other Stories: 144, 145

Courtesy of Chantal Williams: 146

Old Navy: 147, 149

maxoppenheim.com/@maxoppenheim: 154 (styling by Keanoush Da Rosa), 169 (fig 6; styling by Vanessa Mitchell), 169 (fig 7; styling by Keanoush Da Rosa)

Richard Bord/Getty Images: 156–157

REX/Shutterstock: 158

Frazer Harrison/Getty Images: 166

JUSTIN TALLIS/AFP/Getty Images: 172–173

Barry Grainger: 174, 186 (headshot)

Jamie Russon: 175

J Smith Esquire (photographer: Gustavo Papaleo): 176

Hugo Philpott/AFP/Getty Images: 177

© Boudicca: 178

Sean Gallup/Getty Images: 179

Ben A. Pruchnie/Getty Images: 181 (fig 11)

Jason Alden/Bloomberg via Getty Images: 182

David M. Benett/Dave Benett/Getty Images: 83

Denis Hambucken: 186 (fig 1), 187

Courtesy of Alan Humphrey Bennett: 188 (headshot)

Paul Smith: 188 (fig 1), 189

Kent Baker: 192

All reasonable attempts have been made to trace, clear and credit the copyright holders of the images reproduced in the book. However, if any credits have been inadvertently omitted, the publisher will endeavour to incorporate amendments in future editions.

致谢与诚信声明

我们在此要感谢：彼得·詹森（Pater Jensen）、马尔特恩·安德烈逊（Marten Andreasson）、路易斯·格瑞（Louise Gray）、嘉熙·林（Gahee Lim）、汉弗莱·班尼特（Humphrey Bennett）、巴里·格尔杰（Barry Grainger）、米歇尔·曼茨（Michele Manz）、克里斯丁·福克斯（Kristin Forss）、尚塔尔·威廉姆斯（Chantel Williams），以及理查德最亲爱的朋友，维妮·洛克（Winni Lok），感谢他们所付出的时间和访谈。

我们还要感谢具有超级组织能力的编辑汉娜·马森（Hannah Marson），还有科莱特·米歇尔（Colette Meacher）（前布鲁姆斯伯利集团负责人）启动了该项目。

感谢基兰·戈宾（Kiran Gobin）在工艺方面的专业知识，感谢雪莉·福克斯（Shelley Fox）所撰写的前言，并让我们和嘉熙·林（Gahee Lim）取得联系。感谢尼尔·亚当斯（Neil Adams）的建议。感谢弗洛拉·麦克里恩（Flora McLean）的图片提供，还要特别感谢麦克斯·奥本海姆（Max Oppenheim）所制作的美丽的封面。

理查德·索格（Richard Sorger）：

杰尼，与你合作，一如既往的快乐！

我要感谢我的丈夫格利斯·威廉姆斯（Gareth Williams）对本书给予的帮助，感谢你所付出的一切！

杰妮·阿黛尔（Jenny Udale）：

理查德，我们因为这本书已经合作了10年，而且一版比一版更好！感谢你的学识和组织。

感谢我的丈夫巴里·格尔杰给予的力量与爱，我为你的贡献感到骄傲。感谢威尔弗里德（Wilfred）和普利姆罗斯（Primrose）的帮助，我太爱你们了。

感谢我的父母，他们的爱与支持一直引导着我。

我还将要感谢出版方，雷切尔·斯塔德（Rachel Studd）、阿里森·高尔特（Alison Gault）、阿德里亚娜·格拉（Adriana Gorea）、凯利·德·梅洛（Kelly De Melo）和乌兰达·桑德斯（Eulanda Sanders）对第2版给出的修订意见！